ÉLÉMENTS

D'ARITHMÉTIQUE

À L'USAGE

de la première année
de l'enseignement spécial des Lycées et Collèges
des Pensionnats, et des divisions supérieures
de l'enseignement primaire

PAR

A. LEFÈVRE

Professeur au Lycée impérial de Lille

LILLE
LIBRAIRIE J. CARON
2, Place de Strasbourg
1871

ÉLÉMENTS

D'ARITHMÉTIQUE

ENSEIGNEMENT SECONDAIRE SPÉCIAL

ÉLÉMENTS

D'ARITHMÉTIQUE

A L'USAGE

de la première année
d'enseignement spécial des Lycées et Colléges,
des Pensionnats, et des divisions supérieures
de l'enseignement primaire

PAR

A. LEFÈVRE

Professeur au Lycée impérial de Lille.

LILLE
LIBRAIRIE J. CARON
1, Place de Strasbourg
1871

[illegible]

[illegible]

[illegible]

[illegible]

PAR

[illegible]

[illegible]

AVERTISSEMENT

Ce petit ouvrage n'a jamais été destiné à l'impression. Ce n'est autre chose que le cours fait par l'auteur à ses élèves de l'enseignement spécial au Lycée de Lille ; c'est pour eux, pour ménager leur temps, qu'il l'abandonne à l'éditeur.

Tel qu'il est, il s'adresse à ces enfants de 12 à 14 ans, auxquels il est temps d'expliquer les méthodes et les procédés purement mécaniques du calcul que l'école primaire leur a enseignés. Il pourra être utile non-seulement aux élèves de la première année d'enseignement spécial des lycées et des colléges, *dont il renferme tout le programme*, mais encore à toutes les classes des cours de commerce des pensionnats, et aux divisions supérieures de l'enseignement primaire.

MM. les instituteurs y trouveront peut-être un intermédiaire entre les petits traités purement pratiques destinés à leur enseignement et les grands ouvrages qu'il leur est impossible de mettre entre les mains de leurs élèves.

L'auteur n'a jamais perdu de vue la classe de lecteurs à laquelle il s'adresse; il a eu constamment à l'esprit, surtout en traitant quelques questions plus abstraites, le mot de Lhomond: « *La métaphysique ne convient pas aux enfants* » L'élégance souvent, et quelquefois la concision en ont souffert, mais personne ne s'en plaindra si le but est atteint : *rester clair, être compris de tous*; et les hommes d'expérience savent combien, pour y arriver, la tâche est parfois difficile.

ÉLÉMENTS D'ARITHMÉTIQUE

LIVRE PREMIER
LES QUATRE OPÉRATIONS

CHAPITRE PREMIER
Numération entière et décimale.

Nous savons tous la différence qui existe entre *un seul* objet et *plusieurs* objets semblables.

Mesurer une grandeur, c'est chercher combien de fois elle contient une autre grandeur connue et de même espèce, et que l'on appelle *unité*.

Un *nombre* est l'unité elle-même ou la réunion de plusieurs unités de même nature.

Quand on dit qu'un ruban a *sept mètres*, c'est qu'on a comparé sa longueur à une autre longueur connue appelée *mètre* : l'*unité* c'est le mètre ; *sept*, réunion de plusieurs unités, est un *nombre*.

Un nombre est dit *abstrait* lorsqu'on l'énonce sans indication d'aucune espèce d'unités. Par exemple dans ce problème : Un ouvrier gagne quatre francs par jours ; combien gagnera-t-il en six jours ? Le nombre *six* désignant des jours n'est pas un nombre abstrait ; mais si on veut résoudre la question on voit qu'il faudra répéter *six fois* la quantité quatre francs. Ici le nombre *six* est abstrait puisqu'il ne désigne plus aucune espèce d'unités.

L'*Arithmétique* est la science des nombres, elle s'occupe spécialement du *calcul*, c'est-à-dire des opérations qu'on exécute sur les nombres et des transformations qu'on leur fait subir.

On forme les nombres en ajoutant d'abord l'unité à elle-même, puis ensuite successivement l'unité aux nombres déjà formés. Il est évident que la suite des nombres est infinie ; car, étant donné un nombre quelconque aussi grand que l'on voudra on pourra toujours en former un plus grand en y ajoutant l'unité.

Il eût été impossible de retenir les noms de tous les nombres s'il avait fallu désigner chacun d'eux par un mot particulier. On a donc cherché à les exprimer et à les représenter par un très-petit nombre de mots et de signes : c'est le but de la *Numération*.

La *numération parlée* enseigne à former et à nommer les nombres.

La *numération écrite* montre comment avec quelques signes on peut les représenter tous.

Numération parlée.

Les premiers nombres ont reçu des noms particuliers ; ce sont : *un, deux, trois, quatre, cinq, six, sept, huit, neuf,* Le nombre suivant qui joue un rôle très important dans la numération a été appelé *dix*.

En réunissant les dix premières unités, ou unités du *premier ordre*, on forme une *dizaine*. On compte ensuite par dizaine, comme on a compté par unités ; les dizaines sont les unités du second ordre. La réunion de dix dizaines forme une *centaine* ou unité du troisième ordre ; et l'ensemble des unités du premier ordre, des dizaines, et des centaines, constitue les unités de la PREMIÈRE CLASSE, appelée encore classe des *unités simples*.

La réunion de dix centaines forme un *mille*, ou unité du quatrième ordre. On n'a pas donné de nom particulier à la réunion de dix mille ; on dit simplement : une *dizaine de mille*, la collection de dix dizaines de mille, est appelée *centaine de mille*, et le groupe formé par ces trois ordres d'unités : mille, dizaines de mille, centaines de mille, constitue la SECONDE CLASSE ou classe des mille.

On obtiendra de la même manière que celle des mille, la classe des *millions*, celle des *billions* ou *milliards*. On pourrait continuer ainsi jusqu'aux trillions et aux quatrillions, mais on a rarement à exprimer des nombres aussi grands.

C'est cette manière de former les unités des différents ordres qui constitue notre *système de numération*. Le nombre *dix* qui exprime combien une unité quelconque vaut de fois l'unité de l'ordre immédiatement inférieur, se nomme la *base du système*, et celui-ci est dit : *système décimal*, du mot latin *decem* qui signifie dix.

Le tableau suivant montre le groupement par *classes* des neuf premiers *ordres*.

Premier ordre	*un*	
Deuxième id.	*dix*	1re classe.
Troisième id.	*cent*	
Quatrième id.	*mille*	
Cinquième id.	*dix mille*	2e classe.
Sixième id.	*cent mille*	
Septième id.	*un million*	
Huitième id.	*dix millions*	3e classe.
Neuvième id.	*cent millions*	

On voit que treize mots suffisent pour nommer tous les

nombres jusque un billlion exclusivement. Dans la pratique ce nombre de mots est un peu plus considérable à cause de quelques irrégularités consacrées par l'usage et que nous allons signaler.

Entre dix et dix-sept au lieu de dire : dix-et-un, dix-deux, dix-trois, dix-quatre, dix-cinq, dix-six ; on dit : *onze, douze, treize, quatorze, quinze, seize.*

Les nombres de dizaines entre une dizaine et neuf dizaines se désignent par les mots : *vingt, trente, quarante, cinquante, soixante, septante, octante, nonante.*

Au lieu des mots : *septante, octante, nonante,* qui seraient rationnels, mais qui ne sont en usage que dans quelques parties de la France et en Belgique, on emploie *soixante-dix, quatre-vingt, quatre-vingt-dix.*

Enfin on dit *cent* et non pas *centaine.*

Numération écrite.

La numération écrite a pour but de représenter les nombres au moyen d'un petit nombre de *signes* appelés *chiffres.*

Les premiers appelés *significatifs* servent à désigner les neuf premiers nombres.

Ce sont :

$$1, 2, 3, 4, 5, 6, 7, 8, 9,$$

Le dixième chiffre, 0, appelé *zéro* sert à indiquer l'absence d'unités.

On est convenu de représenter les unités de tous les *ordres* par les mêmes caractères, et de distinguer les différents *ordres* par le rang du chiffre qui représente chacun d'eux.

D'après cette convention le premier chiffre *à la droite* d'un nombre désignera les unités du premier ordre ; le second, en allant vers la gauche, les unités du second ordre ou dizaine ; le troisième, les centaines ; le quatrième, les mille, etc.

Si les unités d'un certain ordre font défaut, la place de cet ordre sera indiquée par un zéro.

Ainsi, et c'est le principe fondamental de la numération, un chiffre placé immédiatement à la gauche d'un autre représente des unités dix fois plus grandes.

On voit que les chiffres auront deux valeurs : l'une *absolue*, l'autre *relative*.

La valeur absolue d'un chiffre est celle qu'il aurait s'il était seul ; la valeur relative est celle que lui donne le rang qu'il occupe dans le nombre.

Les trois derniers chiffres à la droite d'un nombre, et exprimant les unités, les dizaines et les centaines, représentent la classe des unités simples ; le groupe des trois chiffres suivants, vers la gauche, la classe des mille ; les trois suivants la classe des millions , etc.

Nous pouvons maintenant donner les deux règles suivantes :

1º Pour *écrire en chiffres* un nombre donné, on écrit successivement de gauche à droite les unités de chaque ordre en commençant par l'ordre le plus élevé, et en ayant bien soin de marquer par un ou plusieurs zéros la place des ordres qui font défaut.

Exemple : le nombre vingt-huit mille sept unités , s'écrira :

$$28.007$$

En effet dans le nombre proposé il y a bien deux dizaines de mille, huit unités de mille ; les centaines et les dizaines d'unités simples manquent, leur place est indiquée par des zéros ; et enfin sept unités.

Lorsque le nombre à écrire est un peu grand, on évitera toutes chances d'erreur en considérant les *classes* d'unités. Pour cela on se rappellera que chaque classe est représentée par trois chiffres ; on pourra séparer par un point les classes les unes des autres, et, en écrivant un nombre on ne passera pas d'une classe à une autre sans s'être assuré que celle qu'on vient d'écrire est bien composée de trois chiffres. Si une classe tout entière vient à manquer on la remplace par trois zéros.

Exemple : soit à écrire en chiffres le nombre 238 millions 5 mille 27 unités.

La classe des millions étant écrite on la fait suivre d'un point ; le nombre qui représente la classe des mille ne se compose que du seul chiffre 5, par conséquent on devra le faire précéder de deux zéros, de sorte que la tranche des mille s'écrira : 005 ; la tranche des unités s'écrira de même 027 ; le nombre écrit en chiffres sera :

$$238.005.027$$

La dernière tranche de trois chiffres, à gauche, ici celle des millions, peut n'avoir que deux et même qu'un seul chiffre.

2° *Lire un nombre écrit en chiffres.*

Si le nombre n'est composé que de deux ou trois chiffres on énonce ses unités en commençant par l'ordre le plus élevé, et on fait suivre simplement le nombre du mot *unités*. Le nombre 67 qui représente six dizaines et sept unités doit se lire soixante-sept unités. Le nombre 836 qui se compose de huit centaines trois dizaines et six unités se lira : huit cent trente-six unités.

Si le nombre a plus de trois chiffres on le divise soit par la pensée, soit effectivement par des points, en tranches de trois chiffres ; comme nous l'avons déjà fait remarquer, la dernière tranche à gauche peut n'avoir qu'un ou deux chiffres. On sait alors que la première tranche à droite représente la classe des unités simples ; la seconde, la classe des milles, etc.; il ne reste plus qu'à énoncer en commençant par la gauche, chaque tranche comme si elle était seule, en y joignant le nom des unités de son dernier chiffre.

Exemple : lire le nombre 37048105.

Décomposé en tranches de trois chiffres, ce nombre devient :

$$37.048.105$$

et devra se lire : trente-sept *millions*, quarante-huit *mille*, cent-cinq *unités*.

Remarque : On devra, dès le début, s'habituer à dire immédiatement, à l'inspection d'un nombre, combien il renferme d'unités d'un ordre quelconque.

On demande, par exemple, combien il y a de centaines dans le nombre 1728435. On cherche le chiffre 4 des centaines, et on lit le nombre comme si 4 était le dernier chiffre à droite : il y a donc 17.284 centaines. De même le nombre 72 proposé renferme 1 dizaine de mille, 172.843 dizaines, 17 centaines de mille, etc.

Cette remarque est de la plus grande importance ; elle nous permettra de simplifier plusieurs démonstrations et trouvera de nombreuses applications.

PROBLÈME. *Rendre un nombre entier cent fois plus grand.*

Soit 435 le nombre proposé. Il suffit pour résoudre la question d'écrire deux zéros à sa droite, ce qui donne 43.500. Le nombre est 100 fois plus grand, car, auparavant, il représentait 435 *unités* ; et actuellement il peut se lire 435 *centaines*.

On montre, de la même manière, qu'en faisant suivre un nombre de un zéro, trois zéros, etc., on le rend 10 fois, 1000 fois, etc, plus grand.

Quand un nombre est terminé par des zéros, on le rend 10 fois, 100 fois, 1000 fois plus petit, en supprimant à sa droite 1 , ou 2 zéros. Nous généraliserons cette question, qui vient d'être résolue pour un cas particulier, lorsque nous aurons traité des nombres décimaux.

Nombres décimaux.

On peut avoir à mesurer des grandeurs plus petites que l'unité choisie. Pour les évaluer on divise l'unité en parties qui sont de dix en dix fois plus petites et que l'on appelle *parties décimales* de l'unité. Voici comment on les forme. L'unité est divisée en dix parties égales et chaque partie est un *dixième*. Les dixièmes divisés en dix parties produisent les *centièmes;* on obtient de même les *millièmes,* les *dix-millièmes,* etc.

Notre système de numération permet de représenter d'une manière très-simple les parties décimales de l'unité. Nous sommes convenus qu'un chiffre placé à la droite d'un autre exprimait des unités dix fois plus petites; par conséquent, étant donné un nombre *entier,* c'est-à-dire composé d'unités entières, si on fait suivre le chiffre des unités d'un autre chiffre, ce dernier représentera des dixièmes ou unités du premier ordre décimal; un autre chiffre placé à droite des dixièmes représentera des centièmes, etc. Ainsi les dixièmes, les centièmes, les millièmes, etc, occupent respectivement le premier, le deuxième, le troisième rang après le chiffre des unités. Afin d'indiquer le rang occupé par ce dernier chiffre, on le sépare par une virgule de la partie décimale.

Un *nombre décimal* est un nombre entier accompagné de parties décimales.

Pour *écrire un nombre décimal,* on écrira d'abord la partie entière suivie d'une virgule, puis, à leur rang, chacune des parties décimales données, en ayant bien soin de marquer par un ou plusieurs zéros le rang des parties décimales absentes. Le nombre : 25 entiers, 3 dixièmes, 7 millièmes, s'écrira : 25,307 ; le chiffre 5 des unités est suivi d'une virgule et la place des centaines indiquée par un zéro.

La manière la plus ordinaire de *lire un nombre décimal,* consiste à énoncer d'abord la partie entière, puis la partie décimale comme si c'était un nombre entier, en la faisant suivre du nom des unités représentées par son dernier chiffre à droite.

Exemple : le nombre 12,3045 doit se lire : douze unités, trois mille quarante-cinq dix-millièmes.

La remarque que nous avons faite au sujet des nombres entiers s'applique aussi lorsque le nombre est décimal.

On demande, par exemple, combien le nombre 23,4567 contient de centièmes; le chiffre des centièmes est 5 ; je néglige les chiffres qui le suivent ainsi que la virgule et je trouve pour le nombre demandé : 2345.

Cette remarque rend évident le théorème suivant :

THÉORÈME.

La valeur d'un nombre décimal ne change pas quand on écrit ou supprime un ou plusieurs zéros à sa droite.

Soit 2,48 un nombre décimal. En écrivant deux zéros à sa droite il devient 2,4800; mais quel que soit le nombre des zéros dont on le fera suivre il pourra toujours se lire 248 centièmes; l'addition ou la suppression des zéros n'a donc rien changé à sa valeur. C. Q. F. D.

PROBLÈME.

Rendre un nombre quelconque, entier ou décimal, 10 fois, 1000 fois, etc., plus grand ou plus petit.

La valeur relative d'un chiffre dans un nombre décimal dépend de la position de ce chiffre par rapport à la virgule. Cette propriété permet de résoudre facilement le problème proposé. En effet étant donné un nombre décimal, si on recule la virgule d'un rang vers la droite, le chiffre des unités passe au rang des dizaines, celui des dixièmes au rang des unités. De la même façon tous les autres chiffres représentent des unités dix fois plus fortes. Soit 25,38 le nombre donné; en transportant la virgule après le 3, il devient 253,8 et il est bien dix fois plus grand car il peut se lire 2538 *dixièmes*, tandis que primitivement il représentait 2538 *centièmes*.

On verrait de même qu'on rend un nombre décimal dix fois plus petit chaque fois qu'on recule la virgule d'un rang vers la gauche.

De là cette règle : pour rendre un nombre décimal 10, 100, 1000 fois, etc., plus grand ou plus petit, on avancera la virgule d'autant de rangs vers la droite ou vers la gauche qu'il y a de zéros dans le nombre par lequel on multiplie.

Si le nombre est entier on pourra toujours le supposer écrit avec une virgule placée à la suite du chiffre des unités et suivie d'autant de zéros que l'on voudra pour la place des unités décimales absentes.

Exemple : soit à rendre 100 fois plus petit le nombre 2345 *unités*. Le nombre rendu 100 fois plus petit sera 2345 *centièmes* que l'on écrira 23,45 en plaçant la virgule de manière à ce que le 5 soit bien au rang des centièmes.

Autre exemple : Rendre 1000 fois plus grand le nombre 28,5. On le rendra d'abord 10 fois plus grand en transportant la virgule après le 5, ce qui revient à la supprimer ; puis 100 fois plus grand en ajoutant un zéro, puis enfin 1000 fois par l'addition d'un second zéro ; et le nombre devient 28400.

CHAPITRE II.

Addition.

L'*addition* est une opération qui a pour but de réunir plusieurs nombre en un seul.

Pour marquer que deux ou plusieurs nombres doivent être additionnés on les réunit par le signe $+$ qui signifie *plus*. L'égalité de deux quantités est indiquée par le signe $=$ qui signifie *est égal à*.

Le cas le plus simple est celui où l'on doit additionner deux nombres d'un seul chiffre. On peut compter sur ses doigts ; mais par l'habitude et la mémoire. cette opération se fait immédiatement et l'on dira tout d'un coup : $7 + 6 = 13$.

On pourrait suivre ce procédé élémentaire pour faire l'addition de deux nombres quelconques, en ajoutant successivement à l'un deux les unités qui composent l'autre, mais l'opération deviendrait fort longue avec des nombres un peu considérables ; on emploie la méthode suivante.

Soit à additionner 8 avec 37. Ce dernier nombre se compose de 3 dizaines et 7 unités. Je fais d'abord la somme des unités : 8 unités et 7 unités font 15 unités ou 1 dizaine et 5 unités ; j'ajoute ensuite cette dizaine aux 3 dizaines du nombre 37, ce qui me donne en tout 4 dizaines et 5 unités ou 45 unités.

Le cas général de l'addition se ramène aux deux précédents.

Soit à additionner les nombres suivants : 7638,45, 38057, 836.

J'écris ces nombres les uns sous les autres, en ayant soin que es unités de même ordre se correspondent ; et je trace sous le dernier un trait horizontal au-dessous duquel je poserai le le résultat.

$$
\begin{array}{r}
7.638 \\
45 \\
38.057 \\
836 \\
\hline
46.576
\end{array}
$$

Pour additionner ces nombres j'ajouterai successivement les unités simples aux unités simples, les dizaines aux dizaines, etc. J'additionne d'abord les unités simples, qui composent la première colonne à droite, je dis : 8 et 5 font 13 et 7 font 20 et 6 font 26. Ces 26 unités se composent de 6 unités que j'écris sous la colonne des unités et de 2 dizaines que je reporte à la colonne des dizaines ; je continue ainsi : 2 dizaines provenant de l'addition des unités et 3 font 5 et 4 font 9 et 5 font 14 et 3 font 17 dizaines ou 7 dizaines que j'écris sous la colonne des dizaines et une centaine que je reporterai à la colonne des centaines. L'opération s'achèvera de la même manière.

Il serait indifférent de commencer l'addition par la gauche ou par la droite ; mais, comme une colonne fournit généralement une retenue pour la colonne qui est à sa gauche, on commence toujours l'opération par la droite.

Addition des nombres décimaux.

L'addition des nombres décimaux ne diffère en rien de celle des nombres entiers.

On écrit les nombres donnés les uns sous les autres, de manière à ce que les unités de même ordre, et par conséquent aussi les virgules, se correspondent, et l'on suit la marche indiquée plus haut.

Exemple : faire l'addition suivante : $128,35+0,4732+2357+25,02$.

Le calcul aura la disposition suivant :

$$128,35$$
$$0,4732$$
$$2,357$$
$$25,02$$

$$2,510,8432$$

Preuve. On appelle en général *preuve* d'une opération une seconde opération qui sert à vérifier l'exactitude de la première.

Une preuve n'est pas absolue, et l'on ne peut pas affirmer qu'un résultat est exact quoique la preuve soit bonne, car on pourrait commettre la même erreur dans les deux opérations ; il pourrait encore arriver que le résultat étant juste, on commît une erreur dans la preuve elle-même ; mais ces circonstances étant tout-à-fait exceptionnelles, on regardera comme très-probable l'exactitude du résultat lorsque la preuve l'annoncera.

Pour faire la preuve de l'addition, si l'on a additionné de haut en bas on recommencera de bas en haut, le résultat devra être le même. On pourrait encore faire deux additions partielles avec les nombres donnés divisés en deux groupes, puis additionner les deux résultats. Mais cette méthode doit être rejetée comme trop longue ; car la première qualité d'une preuve c'est d'être plus courte que l'opération qu'elle sert à vérifier.

CHAPITRE III.

Soustraction.

La *soustraction* est une opération par laquelle on retranche un nombre d'un autre qui est plus grand.

Le résultat s'appelle *reste* ou *différence*.

Une soustraction à effectuer s'indique par le signe — que l'on prononce *moins*.

Le cas le plus simple est celui où l'on a à retrancher un nombre d'un seul chiffre d'un autre nombre d'un seul chiffre ; par exemple : ôter 3 de 8. On arrivera au résultat en retranchant successivement de 8 les unités contenues dans 3, ce qui donnera pour reste 5. On pourrait encore chercher combien il faut ajouter d'unités à 3 pour obtenir 8 ; l'habitude de l'addition, 3 et 5 font 8, fera trouver immédiatement la réponse.

Il est commode de procéder ainsi lorsqu'on doit retrancher un nombre d'un seul chiffre d'un nombre de deux chiffres ; mais alors l'opération se fait en deux temps. Exemple : retrancher 8 de 17. Je dirai : de 8 jusque 10 il y a 2 unités, de 10 à 17 il y en a 7 ; donc en tout 9 unités de 8 jusque 17.

Ces procédés ne sont plus applicables pour des nombres composés de plus d'un ou deux chiffres ; on emploie une autre méthode basée sur le principe suivant.

PRINCIPE. La différence de deux nombres ne change pas lorsqu'on les augmente l'un et l'autre d'une même quantité.

Supposons que deux personnes possèdent chacune une somme d'argent et que la première ait 3 francs de plus que la seconde. Si on leur donne à chacun 5 francs, il est clair que la première aura toujours 3 francs de plus que la seconde ; en d'autres termes, la différence 3 des deux sommes possédées ne change pas lorsqu'on augmente ces deux sommes d'une même quantité, qui était ici 5 francs.

Premier exemple : Sonstraction 4236 de 79578.

J'écris le plus petit nombre sous le plus grand de manière à ce que les unités de même ordre se correspondent, et je souligne ;

$$79578$$
$$4236$$
$$\overline{75342}$$

je retranche successivement les unités du plus petit nombre des unités du plus grand, les dizaines des dizaines, etc ; l'opération dans le cas actuel s'achèvera sans difficulté.

Deuxième exemple : soustraire 4593 de 63754.

Les calculs étant disposés comme plus haut,

$$63754$$
$$4593$$
$$\overline{59161}$$

je dis : 3 unités ôtées de 4 unités, il reste 1 unité. Je passe aux dizaines. Ici se présente une difficulté car on ne peut pas retrancher les 9 dizaines du nombre inférieur des 5 dizaines du plus grand ; pour y remédier, je vais, en m'appuyant sur le principe énoncé plus haut, ajouter une centaine aux deux nombres, *ce qui ne changera pas la différence.* Cette centaine vaut 10 dizaines, lesquelles, ajoutées aux 5 dizaines du nombre supérieur, donnent 15 dizaines. Je puis alors retrancher 9 dizaines de 15 dizaines et j'obtiens pour reste 6 que j'écris sous la colonne des dizaines. Je dois maintenant ajouter une centaine au plus petit nombre, ce qui donnera en tout 6 centaines que je retrancherai des centaines du plus grand nombre.

On usera du même artifice toutes les fois qu'un chiffre à retrancher sera plus grand que le chiffre supérieur correspondant.

Soustraction des nombres décimaux.

On suit pour les soustractions des nombres décimaux la même marche que pour celle des nombres entiers.

On écrit le plus petit nombre sous le plus grand de manière à ce que les virgules se correspondent; il en sera de même alors des chiffres représentant des unités de même ordre.

EXEMPLE : retrancher 47,375 *de* 472,832.

Les calculs auront la disposition suivante :

$$
\begin{array}{r}
472,832 \\
47,375 \\
\hline
425,457
\end{array}
$$

Si l'un des nombres donnés avait plus de décimales que l'autre, ou même si l'un était entier, on pourra toujours par l'addition d'un nombre convenable de zéros, faire en sorte que le nombre des chiffres décimaux soit le même. Si on avait, par exemple, à retrancher 14,274 de 37,5, on fera la soustraction comme si le dernier nombre était écrit 37,500, ce qui ne change en rien sa valeur. Mais dans la pratique on se gardera bien d'écrire ces zéros, et c'est par la pensée qu'on suppléera à leur absence.

PREUVE. La *différence* de deux nombres, *c'est ce qui manque au plus petit* pour égaler le plus grand; par conséquent, si, au plus petit de deux nombres on ajoute leur différence, on doit retrouver le plus grand.

Ceci donne un moyen très simple de vérifier une soustraction : on additionne le plus petit nombre avec la différence trouvée; on retrouve le plus grand. Dans la pratique on n'écrit pas le résultat de cette addition; on se contente de vérifier que chaque chiffre obtenu est bien le même que le chiffre correspondant du plus grand nombre.

CHAPITRE IV.

Multiplication.

La *mutliplication* est une opération qui consiste à répéter un nombre nommé *multiplicande* autant de fois qu'il y a d'unités dans un autre nombre appelé *multiplicateur*.

Le résultat se nomme *produit*.

Le multiplicande et le multiplicateur portent le nom commun de *facteurs* du produit.

Lorsqu'on veut indiquer que deux nombres doivent être multipliés on les sépare par le signe $\times$ que l'on prononce : *multiplié par*.

Multiplier 8 par 7 c'est répéter 7 fois le nombre 8. Ici le multiplicande est 8, le multiplicateur est 7. Pour répéter 7 fois le nombre 8, il suffirait d'écrire en colonne verticale 7 fois ce nombre 8, et d'additionner; on trouverait ainsi pour résultat 56. Comme on le voit la multiplication est une véritable addition : c'est l'addition de plusieurs nombres égaux entre eux. Mais cette manière de procéder n'est plus applicable lorsque les nombres sont un peu grands; si, par exemple, on avait à multiplier 458 par 76, il faudrait écrire 76 fois le nombre 458 et additionner.

On emploie alors une méthode beaucoup plus simple et que nous allons exposer : pour l'appliquer il est nécessaire de savoir par cœur les produits que l'on obtient en multipliant entre eux deux à deux, les 9 premiers nombres.

Ces produits sont réunis dans le tableau suivant que l'on appelle table de multiplication ou table de Pythagore, du nom du philosophe grec auquel on en attribue l'invention.

TABLE DE PYTHAGORE

1	2	3	4	5	6	7	8	9
2	4	6	8	10	12	14	16	18
3	6	9	12	15	18	21	24	27
4	8	12	16	20	24	28	32	36
5	10	15	20	25	30	35	40	45
6	12	18	24	30	36	42	48	54
7	14	21	28	35	42	49	56	63
8	16	24	32	40	48	56	64	72
9	18	27	36	45	54	63	72	81

Voici comment on forme une table de multiplication. J'écris sur une ligne horizontale les neuf premiers nombres, puis j'ajoute chacun de ces membres à lui-même, ce qui donne la deuxième ligne horizontale : elle contient *les produits par* 2 des 9 premiers nombres. A chacun des nombres de cette ligne j'ajoute le nombre correspondant de la première, et j'obtiens sur une nouvelle ligne horizontale trois fois les neufs premiers membres, ou, ce qui est la même chose, *leur produit par* 3. En ajoutant de nouveau à chacun de ces derniers, les nombres correspondants de la première ligne ou aura les produits par 4

On continuera de cette façon jusqu'à la neuvième ligne horizontale.

Si l'on veut trouver un produit dans la table, par exemple celui de 7 par 6, voici comment on procédera. Le produit de 7 par 6 se trouve *dans la colonne verticale* qui commence par 7, et ce nombre est le sixième à partir de 7, c'est-à-dire qu'il se trouve dans la sixième ligne horizontale. Or les lignes horizontales, sont, en quelque sorte, numérotées par les chiffres de la première colonne à gauche. Par conséquent pour trouver le produit 6 fois 7, on prend la colonne verticale qui commence par 7 et la sixième ligne horizontale : le produit cherché se trouve à l'intersection des deux lignes.

PREMIER CAS. *Le multiplicateur n'a qu'un seul chiffre.*

Le cas le plus simple de la multiplication est celui où l'on a à multiplier un nombre de plusieurs chiffres par un nombre d'un seul chiffre.

Soit à multiplier 548 par 7.

L'opération consiste à répéter 7 fois le multiplicande ; pour cela je répéterai 7 fois les unités, 7 fois les dizaines, puis les centaines. J'écris le multiplicateur sous le multiplicande et je souligne.

$$548$$
$$7$$
$$\overline{}$$
$$3836$$

Je dis 7 fois 8 unités font 56 unités ou 5 dizaines et 6 unités ; j'écris 6 unités sous la colonne des unités et je retiens les 5 dizaines ; 7 fois 4 dizaines font 28 dizaines et 5 dizaines provenant de la multiplication des unités font 33 dizaines, ou 3 dizaines que j'écris à leur rang et 3 centaines que je retiens ; 7 fois 5 centaines font 35 centaines et 3 centaines que j'ai retenues font 38 centaines, ou 8 centaines et 3 mille, que j'écris à leur rang ;

Comme dans l'addition et la soustraction, on pourrait indifféremment commencer par la droite ou par la gauche; mais à cause des retenues, il faut toujours commencer par la droite, si l'on ne veut pas avoir à surcharger les chiffres.

Cas général. Multiplication de deux nombres quelconques.

Le problème a déjà été résolu dans le cas où le multiplicateur se compose de l'unité suivie d'un certain nombre de zéros. En effet, rendre un nombre 10 fois, 100 fois plus grand, c'est le multiplier par 10, par 100, etc; et l'on sait qu'il suffit d'écrire un certain nombre de zéros à la suite du nombre proposé, lequel est alors le multiplicande.

Nous rappelons la solution de ce cas particulier, parce qu'elle va nous servir à la démonstration du cas général.

Soit à multiplier 4567 par 345, j'écris le multiplicateur sous le multiplicande, les unités de même ordre se correspondant, et je souligne.

$$
\begin{array}{r}
4567 \\
345 \\
\hline
22835 \\
182680 \\
1370100 \\
\hline
1575615
\end{array}
$$

Multiptier 4567 par 345 c'est répéter ce nombre 345 fois, c'est-à-dire 5 fois, plus 40 fois, plus 300 fois. Je le répète d'abord 5 fois et j'ai le premier produit partiel 22835. Il s'agit maintenant de répéter le multiplicande 50 fois, ou 5 fois 10 fois. Je l'obtient 10 fois en supposant par la pensée qu'on l'a fait suivre d'un zéro; je le multiplie alors par 5, et j'obtiens le second produit partiel 182680 que j'écris sous le premier. Je répète enfin le multiplicande 300 fois, en le multipliant d'abord par 100 puis ensuite par 3; j'obtiens ainsi le troisième produit partiel 1370100; il ne reste plus qu'à faire la somme des trois produits partiels.

: On peut obtenir le second produit partiel en multipliant le multiplicande par 5 et en écrivant un zéro à la droite du produit. Mais on se dispense d'écrire ce zéro, en ayant soin de placer le dernier chiffre de ce produit partiel au rang des dizaines. On n'écrit pas non plus les deux zéros à la droite du troisième produit partiel, mais on place son dernier chiffre à droite au rang des centaines. L'opération présente alors la disposition suivante,

$$
\begin{array}{r}
4567 \\
345 \\
\hline
22835 \\
18268 \\
13701 \\
\hline
1575615
\end{array}
$$

D'une manière générale, on peut dire que le dernier chiffre à droite de chaque produit partiel doit se trouver au même rang que le chiffre du multiplicateur qui l'a fourni. Expliquons ceci par un exemple.

Soit à multiplier 65432 par 40007,

$$
\begin{array}{r}
65432 \\
40007 \\
\hline
458024 \\
261728 \\
\hline
2617738024
\end{array}
$$

Après avoir obtenu le premier produit partiel, je ne m'occupe pas des zéros du multiplicateur et je dis immédiatement 4 fois 2 font 8. Ce chiffre 8 sera le dernier à droite du second produit partiel; le multiplicateur 4 qui l'a fourni se trouvant au rang des dizaines de mille, le chiffre 8 devra se trouver au même rang, c'est-à-dire sous le 5 du premier produit partiel.

Nombre des chiffres du produit.

Le nombre des chiffres du produit de deux nombres est égal à la somme des chiffres des deux facteurs, ou bien à la somme de ces chiffres moins un.

Supposons que l'on ait à multiplier 4567 par un nombre de trois chiffres. Le multiplicateur ayant trois chiffres est au moins égal à 100, par conséquent le produit ne peut être inférieur à 4567 $\times$ 100 ou 456700, c'est-à-dire qu'il a au moins six chiffres, nombre des chiffres moins un du multiplicande et du multiplicateur.

Le multiplicateur ayant trois chiffres ne peut surpasser 1000 donc le produit est inférieur à 4567 $\times$ 1000 ou à 4567000, c'est-à-dire qu'il ne peut avoir plus de chiffres que n'en contiennent ensemble les deux facteurs.

Multiplication des nombres décimaux.

Cas où le multiplicateur est entier.

Soit à multiplier 3,25 par 13. Il s'agit de répéter 13 fois le multiplicande, or, celui-ci peut se lire 325 centièmes. En répétant 13 fois ce nombre de centièmes, *on obtiendra un certain nombre de centièmes*, qui est égal ici à 4225.

$$
\begin{array}{r}
325 \\
13 \\
\hline
975 \\
325 \\
\hline
4225
\end{array}
$$

Pour obtenir les entiers, il suffit de séparer par une virgule deux chiffres à la droite du produit ; c'est précisément le nombre des chiffres décimaux du multiplicande. Le produit cherché est donc 42,25.

Cas où les deux facteurs sont des nombres décimaux.

Soit à multiplier 3,254 par 2,43, ou ce qui est la même chose 3254 millièmes par 2,43.

Je vais ramener ce cas au précédent ; pour cela *je rends le multiplicateur entier ;* il suffit de supprimer la virgule, ce qui rend le nombre cent fois plus grand. Je répète alors 243 fois le le multiplicande 3254 millièmes, et j'obtiens pour produit 790722 millièmes ou 790 unités 722 millièmes. Mais comme nous avons multiplié par le nombre 243 qui est cent fois trop grand, ce produit est lui-même cent fois trop grand ; pour le rendre cent fois plns petit, il suffira, comme on sait, de reculer la virgule de deux rangs vers la gauche, ce qui donne 7,90722, résultat auquel on est arrivé en multipliant les deux nombres entiers 3254 et 243, puis séparant au produit d'abord trois chiffres décimaux et ensuite deux, c'est-à-dire autant qu'il y en a dans le multiplicande et dans le multiplicateur.

Des deux démonstrations précédentes on conclut cette règle :

RÈGLE. Pour multiplier deux nombres décimaux l'un par l'autre, on effectue l'opération comme s'il n'y avait pas de virgules, puis on sépare sur la droite du produit autant de chiffres décimaux qu'il y en avait dans les deux nombres proposés.

PREUVE. Pour faire la preuve de la multiplication on recommence l'opération en prenant le multiplicande pour multiplicateur ; le produit devra être le même.

Nous donnerons plus tard une méthode beaucoup plus rapide pour faire la preuve de la multiplication. Celle que nous indiquons est fondée sur le principe suivant :

THÉORÈME. *Le produit de deux nombres ne change pas, quel que soit l'ordre dans lequel on les multiplie.*

Démontrons, par exemple, que le produit de 5 par 4 est égal au produit de 4 par 5. Pour cela j'écris sur une ligne horizontale autant d'unités qu'il y en a dans l'un des facteurs, et je

$$\begin{matrix} 1 & 1 & 1 & 1 & 1 \\ 1 & 1 & 1 & 1 & 1 \\ 1 & 1 & 1 & 1 & 1 \\ 1 & 1 & 1 & 1 & 1 \end{matrix}$$

répète cette ligne autant de fois qu'il y a d'unités dans le second. Comptons les unités contenues dans le tableau ainsi formé. En comptant horizontalement, chaque ligne contient cinq unités, et, comme il y a quatre lignes il y a en tout *4 fois 5 unités*. En comptant verticalement, chaque colonne contient quatre unités, et, comme il y a cinq colonnes, le tableau contient *5 fois 4 unités*. Donc 5 fois 4 $=$ 4 fois 5, c'est-à-dire que les produits 4×5 et 5×4 sont égaux. C. Q. F. D.

Les élèves, par l'habitude qu'ils ont de la table de multiplication, sachant que le produit 4×5, aussi bien 5×4, est égal à 20, se figurent souvent que le théorème est évident. Rien n'est moins vrai. Il n'est pas du tout prouvé, par exemple, que 23×45 est égal à 45×23. Il faudrait pour cela écrire 23 unités sur une ligne horizontale, et répéter cette ligne 45 fois ; en comptant, comme nous l'avons fait, dans les deux sens, on verrait que 45 fois 23 $=$ 23 fois 45; mais, il serait très long de dresser le tableau; c'est pour faire rapidement la démonstration que l'on choisit ordinairement des nombres peu élevés tels que 4 et 5.

PRODUIT DE PLUSIEURS FACTEURS. L'expression $5 \times 4 \times 3 \times 6$ indique qu'il faut multiplier d'abord 5 par 4 ce qui donne 20, puis 20 par 3 ce qui donne 60 et enfin 60 par 6 : on obtient pour résultat 360. Les nombres 5, 4, 3, 6 qui, dans cette suite de multiplications servent à former le produit final sont appelés les *facteurs du produit*.

On démontre, par une méthode analogue à celle qui vient de nous servir, le théorème suivant :

Théorème. *Dans un produit de plusieurs facteurs, on peut, sans changer le produit, intervertir d'une manière quelconque l'ordre des facteurs.*

La démonstration de ce théorème, que nous avons déjà établi pour le cas de deux facteurs, se compose de trois parties :

1° Dans un produit de trois facteurs on peut intervertir l'ordre des deux derniers facteurs.

Considérons le produit $7 \times 4 \times 3$. Il faut démontrer, qu'au lieu de faire les multiplications dans l'ordre indiqué, on peut multiplier 7 d'abord par 3 et ensuite par 4. Pour cela j'écris 7 sur une ligne horizontale autant de fois qu'il y a d'unités dans le facteur 4 et je répète cette ligne autant de fois qu'il y a d'unités dans le troisième facteur, c'est-à-dire 3 fois :

$$
\begin{array}{cccc}
7 & 7 & 7 & 7 \\
7 & 7 & 7 & 7 \\
7 & 7 & 7 & 7
\end{array}
$$

Je compte *horizontalement* les unités contenues dans le tableau ainsi formé. Chaque ligne vaut 4 fois 7 unités, ou 7×4, et comme il y a 3 lignes, le tableau contient 3 fois 7×4 ou $7 \times 4 \times 3$.

En comptant *verticalement*, chaque colonne vaut 3 fois 7 ou 7×3, et comme il y a 4 colonnes, le tableau contient 4 fois 7×3 ou $7 \times 3 \times 4$.

Le nombre des unités est évidemment le même, quel que soit l'ordre dans lequel on les compte, donc $7 \times 4 \times 3 = 7 \times 3 \times 4$.

2° Dans un produit de plusieurs facteurs on peut intervertir l'ordre de deux facteurs voisins.

Considérons la suite de facteurs $2 \times 7 \times 4 \times 5 \times 3 \times 6$.... et démontrons qu'on peut changer l'ordre de deux facteurs voisins, par exemple 5 et 3. Pour cela j'effectue le produit jusqu'au facteur 5, ce qui me donne 56. Pour continuer l'opération, il faudra multiplier 56 d'abord par 5 et ensuite par 3 ; mais nous venons de démontrer que, dans un produit de trois facteurs tel que $56 \times 5 \times 3$ on pouvait changer l'ordre des deux derniers facteurs ; donc les produits $56 \times 5 \times 3$ et $56 \times 3 \times 5$ seront les mêmes et par conséquent aussi les produits $2 \times 7 \times 4 \times 5 \times 3$ $\times 2 \times 7 \times 4 \times 3 \times 5$.

3o Le théorème est maintenant évident, car une suite d'un nombre quelconque de facteurs étant donnée, on pourra toujours amener un facteur à tel rang que l'on voudra en le changeant de place avec son voisin, autant de fois qu'il sera nécessaire, et l'on sait qu'on ne changera pas pour cela la valeur finale du produit. C. Q. F. D.

CorOLLAIRE PREMIER. *Pour multiplier un nombre par un produit de plusieurs facteurs il suffit de le multiplier successivement par les facteurs du produit*

Soit à multiplier 19 par 30, produit des facteurs 2, 3 et 5. L'expression 19×30 peut s'écrire 30×19 ou encore ; $2 \times 3 \times 5 \times 19$. Mais, sans changer le produit final, on peut placer 19 en tête de cette suite de facteurs, qui devient : $19 \times 2 \times 3 \times 5$; ce qui démontre qu'au lieu de multiplier 19 par 30 il revient au même de multiplier successivement par 2, 3 et 5.

CorOLLAIRE SECOND. *Dans un produit de plusieurs facteurs on peut remplacer un nombre quelconque de facteurs par leur produit effectué.*

Par exemple dans la suite de facteurs : $5 \times 3 \times 7 \times 2 \times 9$, on peut remplacer les facteurs 3, 7 et 2 par le produit 42. En effet la série proposée peut écrire : $3 \times 7 \times 2 \times 5 \times 9$ ou $42 \times 5 \times 9$, ce quiest la même chose que $5 \times 42 \times 9$.

CorOLLAIRE TROISIÈME. *Lorsque plusieurs facteurs entiers sont terminés par des zéros, on peut négliger ces zéros dans le calcul, mais on écrit à la droite du produit autant de zéros qu'on a supprimés dans les différents facteurs*

Soit à effectuer le produit 8000 × 1200. Cette expression peut s'écrire ; 8 × 1000 × 12 × 100 ; ou en intervertissant l'ordre des facteurs : 8 × 12 × 1000 × 100, ou encore 8 × 12 × 100000 ; ce qui fait voir qu'on obtiendra le produit en multipliant entre eux les facteurs privés de leurs zéros, et en écrivant à la suite du produit autant de zéros qu'on en a négligés.

THÉORÈME. *Lorsqu'on doit additionner plusieurs produits de deux facteurs qui ont un facteur commun, on peut additionner les facteurs non communs, et multiplier par le facteur commun.*

Soit à additionner 9 × 5 avec 9 × 3. Ces deux produits ont pour facteur commun 9 ; pour faire leur somme, il suffit d'additionner les facteurs non communs 5 et 3 et de multiplier par 9. En effet, la somme cherchée est égale à 5 *fois* 9 plus 3 *fois* 9, c'est-à-dire à 8 *fois* 9, ce qui n'est autre chose que la somme 3 + 5 répétée 9 fois. C. Q. F. D.

Les expressions 9 × 5 + 9 × 3 et 9 × (5 + 3) sont donc identiques. La parenthèse indique ici que le facteur 9 multiplie, non pas-seulement le nombre 5 mais encore toutes les quantités qui peuvent être renfermées dans la parenthèse. On dit alors qu'on a *mis en évidence* le facteur 9.

Nous appelons l'attention des élèves sur ce théorème si simple ; il aura plus tard de nombreuses applications.

Tous les théorèmes que nous venons de démontrer sont vrais pour les nombres décimaux comme pour les nombres entiers car, pour les démontrer, nous n'avons jamais dû supposer que les nombres étaient entiers.

PUISSANCES.

On appelle *puissance* d'un nombre le produit de plusieurs facteurs égaux à ce nombre.

Ainsi, la 4_e puissance du nombre 3 sera le produit de quatre facteurs égaux à 3 c'est-à-dire 3 × 3 × 3 × 3 = 81.

Le nombre des facteurs détermine le *degré de la puissance.*

On indique le degré de la puissance par un petit chiffre placé en haut et à droite du nombre donné. La quatrième puissance du nombre 3 s'indique ainsi $3^4 = 81$; et cette expression se lit : 3 puissance 4 égal 81. Ce petit chiffre qui indique le degré de la puissance s'appelle *exposant.*

La première puissance d'un nombre est le nombre lui-même. La seconde puissance, c'est-à-dire le produit du nombre par lui-même est appelée le *carré*, et la troisième puissance le *cube* de ce nombre. On verra plus tard l'origine de ces applications.

Théorème. *Pour faire le produit des puissances d'un nombre, il suffit d'ajouter d'additionner les exposants de ces puissances.*

Ainsi le produit $5^3 \times 5^4$ est égal à 5^7.

En effet en remplaçant les puissances 5^3 et 5^4 par la suite de facteurs qu'elles représentent, on aura :

$$5^3 \times 5^4 = (5 \times 5 \times 5) \times (5 \times 5 \times 5 \times 5)$$

Ce qui fait voir que le produit cherché est égal au produit de sept facteurs égaux à 5, 7 étant précisément la somme des exposants des puissances données.

CHAPITRE V.

Division.

La *division* est une opération qui a pour but de chercher combien de fois un nombre donné contient un autre nombre.

Le premier s'appelle *dividende* le second *diviseur*. Le résultat se nomme *quotient.*

Soit à diviser 24 par 6, il est clair qu'on obtiendra le quotient, en retranchant 6 de 24 autant de fois que l'on pourra. Je dis : de 24 ôté 6, il reste 18 ; de 18 ôté 6, il reste 12 ; de 12 ôté 6, il reste 6 ; enfin de 6 ôté 6, il ne reste rien.

Ainsi 24 contient 4 fois 6 : ici le dividende est 24, le diviseur 6, le quotient 4, et le reste est nul; on dit alors que *la division se fait exactement.*

Mais il arrive souvent que le dividende ne contient pas un nombre exact de fois le diviseur; alors il le contient un certain nombre de fois, et on obtient un *reste* plus petit que le diviseur. Ainsi si on avait à diviser 27 par 6, on obtiendrait pour quotient 4 et pour reste le nombre 3 plus petit que le diviseur 6.

Comme on le voit la division revient à une suite de soustractions successives; mais il n'est plus possible de procéder de cette manière lorsque le dividende contient un grand nombre de fois le diviseur.

Cas où le quotient n'a qu'un seul chiffre.

Si le quotient ne doit avoir qu'un seul chiffre, le dividende doit contenir moins de dix fois le diviseur. On reconnaîtra immédiatement que l'on est dans ce cas, si, en faisant suivre le diviseur d'un zéro, on obtient un nombre plus grand que le dividende.

Supposons d'abord que le diviseur n'ait qu'un seul chiffre, le dividende ne pourra en avoir plus de deux. On peut résoudre immédiatement la question au moyen de la table de multiplication. Soit par exemple à diviser 46 par 8. Nous savons par la table que 5 fois 8 font 40 et que 6 fois 8 font 48. Donc le nombre 46 ne contient pas tout-à-fait, fois le diviseur 86 il le contient cinq fois, et il y a un reste 6, que l'on obtient en retranchant 5 fois 8 ou 40 de 46.

Considérons maintenant le cas où le diviseur a plusieurs chiffres, et soit, par exemple à diviser 3,845 par 573. Les unités de l'ordre le plus élevé dans le diviseur sont des centaines, je néglige les dizaines et les unités des deux nombres proposés et je vais chercher combien de fois les centaines du dividende contiennent les centaines du diviseur. 38 contient 5 sept fois. J'essaie le chiffre 7. Pour cela je répète 7 fois le

diviseur 573 et j'obtiens 4,011 nombre plus grand que 3,845 ;
j'en conclus que 7 est un chiffre trop fort. Je vais essayer 6.
En multipliant 573 par 6 j'obtiens pour produit 3,438 que je
puis retrancher de 3,845, et il me reste 407, nombre inférieur
au diviseur 573. Le quotient cherché est donc 6 et le reste 407.

On dispose ordinairement les calculs de la manière suivante :

$$\begin{array}{c|c} 3845 & 573 \\ 3438 & 6 \\ \hline 407 \end{array}$$

On écrit sur une même ligne horizontale le dividende, puis le
diviseur, on les sépare par un trait vertical et on souligne le
diviseur ; c'est sous le diviseur que l'on écrit le quotient.
Lorsqu'on a trouvé le chiffre du quotient on multiplie le diviseur par ce chiffre et on place chacun des chiffres obtenus sous
les unités de même ordre du dividende. La soustraction
effectuée donne le reste de la division.

Cas général. Soit à diviser deux nombres quelconques :
267487 par 748.

Voici la disposition des calculs :

$$\begin{array}{c|c} 267487 & 748 \\ 2244 & 357 \\ \hline 4308 \\ 3740 \\ \hline 5687 \\ 5236 \\ \hline 451 \end{array}$$

Je prends à la gauche du dividende autant de chiffres qu'il
en faut pour former un nombre au moins égal au diviseur, ici
c'est 2,674, et ce nombre, que l'on appelle *premier dividende
partiel* représente des centaines. Diviser par 748 c'est prendre la

748ᵉ partie; car en prenant la 748ᵉ partie d'un certain nombre de
centaines, on aura évidemment au résultat des centaines. Donc
je suis ramené au cas précédent : je vais diviser 2,674 par 748
et j'aurai le premier chiffre du quotient, mais ce chiffre représentera des centaines. Le reste de cette première division est
430 centaines ; j'écris à la droite de ce nombre le chiffre suivant
du dividende et j'obtiens pour second dividende partiel 4308
dizaines, que je diviserai comme dans le premier cas par 748,
ce qui me donnera les dizaines du quotient. Je continuerai de
la même manière jusqu'à ce que j'aie épuisé tous les chiffres du
dividende.

Comme on le voit nous avons écrit chaque produit du diviseur
par l'un des chiffres du quotient sous le dividende partiel dont
il devait être retranché : c'est la *méthode anglaise*. Elle a plusieurs
avantages : elle évite les chances d'erreur parce qu'on ne fait
jamais qu'une seule opération à la fois, les vérifications se font
plus facilement, et si l'on obtient au quotient un chiffre déjà
trouvé, le produit du diviseur par ce chiffre est tout effectué ; ou
est ainsi dispensé d'une multiplication.

Quoi qu'il en soit cette méthode de calcul est trop lente dans
sa manière de procéder, et trop longue matériellement parlant,
puisque le nombre des chiffres à écrire est doublé ; elle dispense,
il est vrai, d'une ou plusieurs multiplications partielles, mais, en
général, on ne profitera de cet avantage que lorsqu'on opérera
sur des nombres asssez forts, et, *dans la pratique*, c'est un cas
qui se présente rarement.

Nous nous en tiendrons donc à la méthode généralement
adoptée. La multiplication du diviseur par l'un des chiffres du
quotient et la soustraction que l'on doit effectuer ensuite se font
simultanément; c'est-à-dire que, l'un des chiffres d'un produit
partiel étant trouvé, on le soustrait immédiatement du chiffre
correspondant du dividende partiel; l'opération terminée il ne
reste aucune trace des produits du diviseur par chacun des chiffres
du quotient. Les calcu s ont alors la disposition suivante :

$$267487 \mid 748$$
$$4308 \mid 357$$
$$5687$$
$$451$$

REMARQUE I. — Si l'un des dividendes partiels était plus petit que le diviseur on écrirait un zéro au quotient et on abaisserait le chiffre suivant du dividende donné.

REMARQUE II. — Lorsque le dividende et le diviseur sont terminés par des zéros, on peut supprimer de part et d'autre un même nombre de zéros : *le quotient ne changera pas ;* c'est ce que nous démontrerons plus loin.

Soit, par exemple à diviser 847000 par 2300. On peut supprimer deux zéros au dividende et au diviseur, et on fera la division de 8470 par 23.

$$8{,}470 \mid 23$$
$$157 \mid 368$$
$$190$$
$$06$$

Le quotient est 368.

Il ne faut pas se tromper ici sur la valeur du reste. Remarquons qu'en effectuant cette division nous avons cherché combien de fois le nombre 23 *centaines* était contenu dans 8470 *centaines*. Il y est contenu 368 fois et il reste 6 *centaines* ou 600 et non pas 6 unités. Le reste réel s'obtient, comme on le voit, en ajoutant au reste trouvé autant de zéros qu'on en a supprimés au dividende et au diviseur.

Démontrons que le quotient n'a pas changé.

Des considérations bien simples, sur un exemple numérique, vont mettre ce théorème en évidence.

Supposons qu'on ait à partager 120 francs entre 40 personnes. La part de chacune s'obtiendra en prenant la quarantième partie de 120, c'est à-dire qu'elle sera égale au quotient de 120 par 40. Si maintenant la somme à partager devient 3 fois, 4 fois, 10 fois plus petite, mais qu'en même temps le nombre des personnes devienne 3 fois, 4 fois, 10 fois plus petit, il est évident que les parts resteront les mêmes, c'est-à-dire qu'on obtient le même quotient en divisant 12 par 4 qu'en divisant 120 par 40, la somme et le nombre des personnes, ayant été rendus dix fois plus petits.

De ce qui précède on conclut le théorème suivant :

Théorème. Un quotient ne change pas lorsqu'on multiplie ou qu'on divise le dividende et le diviseur par un même nombre ; mais le reste de la division est multiplié ou divisé par ce nombre.

Il ne faudra jamais, dans la pratique, négliger cette simplification.

Division des nombres décimaux.

Il peut se présenter deux cas.

Premier cas. *Le diviseur est entier*.

Soit à diviser 481,75 par 26. Le dividende peut se lire 48175 centièmes. Or, en prenant la vingt-sixième partie d'un certain nombre de centièmes on obtiendra évidemment au quotient un certain nombre de centièmes. On est donc ramené à diviser 48175 par 26 ; j'effectue cette division :

$$
\begin{array}{c|c}
48175 & 26 \\
\hline
221 & 1852 \\
137 & \\
075 & \\
23 &
\end{array}
$$

Le quotient 185 représente des centièmes, il est donc égal à 18 unités, 52 centièmes ; le reste est 23 centièmes.

Le raisonnement que nous venons de faire conduit à cette règle :

Dès que le diviseur est entier, on fait la division sans s'inquiéter des chiffres décimaux du dividende ; mais on sépare au quotient par une virgule autant de chiffres décimaux qu'il y en avait au dividende.

Deuxième cas. *Le diviseur est un nombre décimal.*

Il faut toujours ramener ce cas au précédent. Pour cela la première phrase que les élèves diront en commençant l'opération sera celle-ci :

Je rends le diviseur entier.

Soit à diviser 3,647 par 0,25. *Je rends le diviseur entier ;* il faut pour cela le multiplier par 100 ; pour que le quotient ne change pas il faut aussi multiplier par 100 le dividende qui devient 364,7 ; et l'on a à diviser le nombre décimal 364,7 par le nombre entier 25, question résolue plus haut.

$$\begin{array}{c|c} 364,7 & 25 \\ 114 & 145 \\ 147 & \\ 22 & \end{array}$$

Le diviseur ayant été rendu entier, nous opérons la division du nombre 364,7 par 25 ; puis, comme ce dividende représentait des dixièmes, il en est de même du quotient qui est par conséquent égal à 14,5.

Autre exemple. Soit à diviser 0,0008 par 12,5. J'applique la règle et *je rends le diviseur entier* en le multipliant par 10. Le dividende multiplié par 10 devient 0,008. Je vais opérer la division de 8 par 125 sans m'occuper de la virgule et des zéros qui précèdent le chiffre significatif 8 du dividende :

$$\begin{array}{c|c} 8,000 & 125 \\ 0,500 & 0,064 \\ 0 & \end{array}$$

Mais le dividende 0,008 contenait primitivement trois chiffres décimaux, je devrai donc au quotient reculer la virgule de trois rangs vers la gauche et j'obtiens pour résultat final 0,000064.

Nombre des chiffres du quotient.

On détermine le premier dividende partiel : ce dividende donnera le premier chiffre du quotient ; or, chacun des chiffres qui restent au dividende donné en fournira un nouveau.

Cette remarque permet de trouver à première vue, et sans effectuer la division, le nombre des chiffres du quotient.

Preuve de la division.

En divisant 38 par 7 on obtient pour quotient 5 et pour reste 3 ; ce qui veut dire que 38 contient cinq fois le nombre 7 plus 3 unités. Donc en répétant 5 fois le diviseur 7 et en ajoutant le reste 3 on obtient 38. De là, une première méthode pour vérifier l'exactitude d'une division : on fait le produit du diviseur par le quotient, on ajoute le reste de la division, on doit retrouver le dividende.

Cette méthode est beaucoup trop longue ; elle expose à de nouvelles erreurs. On en trouvera plus loin une beaucoup plus courte et plus pratique : la *preuve par* 9.

Théorème. *Pour diviser un nombre par un produit de plusieurs facteurs il suffit de le diviser successivement par les facteurs de ce produit.*

Soit à diviser 360 par 30 qui est le produit de 2 par 3 et par 5. Le quotient est 12, donc en multipliant 12 par 30 on doit trouver 360 ; mais on sait qu'au lieu de multiplier un nombre par 30 il revient au même de le multiplier par les facteurs 2,3 et 5 qui le composent; donc si on multiplie 12 successivement par 2, 3 et 5 on obtiendra 360 ; donc aussi si l'on défait ce que l'on vient de faire, c'est-à-dire si l'on divise 360 successivement par

2, 3 et 5 on retombera sur le nombre ; ce qui montre bien qu'on obtient le même résultat en divisant un nombre par 30 qu'en le divisant par les facteurs 2, 3 et 5, qui composent 30. C. Q, F. C.

COROLLAIRE. *Pour faire le quotient de deux puissances d'un même nombre, il suffit de faire la différence des exposants.*

Soit à diviser 7^5 par 7^3.

Le diviseur 7^3 se compose de trois facteurs égaux à 7 ; ou d'après le théorème précédent, au lieu de diviser par 7^3 il revient au même de diviser successivement 3 fois par 7 ou ce qui est la même chose supprimer 3 fois le facteur 7 dans le dividende 7^5. Le quotient est alors 7^2, c'est-à-dire le nombre proposé avec un exposant égal à la différence 5-3, exposants du dividende et du diviseur.

LIVRE II
SYSTÊME MÉTRIQUE

CHAPITRE PREMIER
Mesures de longueur.

PRÉLIMINAIRES

Jusque la fin du siècle dernier toutes les mesures dont on se servait pour évaluer les longueurs, les surfaces, les volumes, variaient d'une province à une autre et même d'une ville à une autre. Avec un pareil état de choses les transactions commerciales étaient sinon impossibles, du moins excessivement difficiles et ne pouvaient avoir lieu sans donner matière à de nombreuses contestations. La Convention nationale résolut d'y remédier et, par un décret du 8 mai 1790, elle chargea une commission nommée par l'Académie des sciences, et composée de Borda, Condorcet, Monge, Lagrange et Laplace, d'étudier la question et de préparer un système uniforme de mesures, afin que dans l'avenir il pût être adopté par tous les autres peuples, sans blesser leurs susceptibilités nationales, elle ordonna de ne faire entrer dans sa création rien qui pût rappeler son origine française et elle décida que son unité fondamentale serait déduite des dimensions même du globe terrestre.

La Convention approuva le travail de la commission et le Corps législatif, par la loi du 2 novembre 1802, rendit obligatoire pour toute la France l'usage du nouveau système. L'adoption de ce système, admirable de simplicité, ne se fit pas sans résistance : il eut à lutter contre la routine et les coutumes locales, et il fallut attendre jusqu'en 1837 pour que la loi du 4 juillet vint abolir définitivement l'usage de toutes les anciennes mesures.

Détermination du mètre. La terre a la forme d'une sphère. Imaginons une ligne droite immense la traversant de part en part en passant par son centre, cette ligne sera un *diamètre* et les points où ce diamètre pénètre dans le globe terrestre et celui où il en sort sont appelés : points *diamétralement opposés* ou *pôles.* Si par deux pôles on trace sur une sphère une circonférence, cette circonférence sera la plus grande que l'on y puisse tracer, on l'appelle pour cela *grand cercle.*

La terre est un peu aplatie vers deux de ses points diamétralement opposés ; ce sont ces deux points qui portent spécialement le nom de *pôles de la terre.* Un grand cercle de la sphère terrestre passant par les deux pôles porte le nom de *méridien.*

Prenons une orange que nous supposons rigoureusement sphérique; coupons-la en deux morceaux exactement égaux, puis remettons les morceaux en place, la ligne tracée sur l'écorce par le corps tranchant, la ligne de coupure, si l'on veut, représentera un méridien.

Ce furent les astronomes Méchain et Delambre qui se chargèrent de mesurer la longueur de méridien terrestre. Pour cela ils mesurèrent l'arc de méridien compris entre Dunkerque et Barcelone (Espagne).

Nous ne pouvons entrer ici dans aucun détail sur les méthodes employées par les savants dans ce magnifique travail; citons seulement un fait ; une longueur d'environ 13 kilomètres fut d'abord mesurée sur une route près de Melun. Par des mesures d'angles et par le calcul on en arrivait à trouver la distance de deux points situés près de Perpignan et éloignés de 12 kilomètres : or, la différence entre la distance indiquée par les calculs et la longueur mesurée directement sur le sol *fut inférieure à 29 centimètres*.

Cet accord admirable, quand on pense à la distance qui sépare Melun de Perpignan, entre le résultat du calcul et la mesure directe montre avec quels soins et quelle rigueur toutes les opérations furent exécutées.

En combinant les résultats de Méchain et Delambre avec ceux qu'on avait déjà obtenus dans les travaux du même genre exécutés au Pérou et en Laponie, la commission adopta pour longueur du méridien terrestre le nombre 5,130,740 *toises*, la toise était à cette époque l'unité de longueur, du moins à Paris. En divisant cette longueur par 10,000,000 on obtient 713 millièmes de toise, et c'est cette longueur que l'on choisit pour base du nouveau système ; elle fut appelée *mètre*, d'un mot grec qui signifie *mesure.*

Ainsi *le mètre est égal* à la quarante-millionième partie, ou pour nous conformer à l'usage, *à la dix-millionième partie du quart du méridien terrestre.*

Il y a dans le système métrique cinq unités principales qui se rapportent aux différentes grandeurs que l'on veut mesurer, ce sont :

Le mètre   pour les longueurs
Le mètre carré   pour les surfaces.
Le mètre cube   pour les volumes.
Le gramme   pour les poids.
Le franc   unité monétaire.

Outre les unités principales on emploie pour chaque espèce de grandeur des unités secondaires qui sont 10, 100, 1,000 fois plus petites ou plus grandes que l'unité principale correspondante.

En général pour nommer les unités secondaires de chaque espèce on met devant le nom de l'unité principale les mots suivants : *déca* *hecto* *kilo* *myria* qui signifient 10 100 1,000 10,000 et pour les subdivisions de l'unité :

déci *centi* *milli*
qui signifient 10e partie 100e partie 1000e partie

Ainsi le mot *hectogramme* indique un poids de 100 grammes ; le mot *décimètre* désigne la 10e partie du mètre.

On appelle mesures *réelles* ou *effectives*, les mesures autorisées par la loi et qui d'ailleurs existent réellement; le mètre, mesure de longueur, est une mesure réelle; il n'est pas de même du kilomètre.

Toutes les mesures réelles doivent porter l'indication de leur valeur, elles sont soumises à une vérification annuelle.

Mesures de longueur.

L'unité principale des mesures de longueur est le *mètre*, base du système auquel il a donné son nom; la définition en a été donnée plus haut.

Le type du mètre, déposé aux archives de l'Etat et construit par les soins de l'Académie des sciences, est en platine, sa longueur doit toujours être ramenée à la température de 0°

Pour mesurer les longueurs plus petites que le mètre, on l'a divisé en parties de 10 en 10 fois plus petites, ces subdivisions ou *sous-multiples* du mètre sont : le *décimètre*, le *centimètre* et le *millimètre*.

Les longueurs 10 fois, 100 fois, etc., plus grandes que le mètre en sont les *multiples*, ce sont : le *décamètre*, l'*hectomètre* le *kilomètre* et le *myriamètre*.

Dans le système métrique, les unités étant comme dans notre système de numération de 10 en 10 fois plus petites ou plus grandes, il est très facile de représenter un nombre quelconque d'unités ou de parties d'unités appartenant au système, et c'est là un avantage immense au point de vue de la rapidité des calculs comme nous le montrerons plus tard sur certains exemples.

Les multiples et sous-multiples du mètre suivent la loi décimale, le nombre 2 décamètres, 3 mètres, 5 décimètres, s'écrira $23^m,5$, en plaçant simplement une virgule après le chiffre 3 des unités principales, et l'on voit qu'effectivement le 2 représente bien des *dizaines* de mètre ou décamètre, et le 5 des *dizièmes* de mètre ou décimètres.

Si l'une des unités vient à manquer, on en marque le rang par un zéro, ainsi le nombre 5 hectomètres, 3 mètres, 4 centimètres s'écrira 503,04 en indiquant par des zéros le rang des décamètres et des décimètres absents.

Faisons ici une remarque d'une grande importance et qui sera bien souvent appliquée. Lorsqu'il s'agit de mesurer une grandeur, *l'unité de mesure* ne doit point être *ni trop grande ni trop petite* par rapport à la grandeur que l'on veut mesurer. Ainsi, nous avons dit que l'unité principale des mesures de longueur est le mètre, cependant le diamètre d'une pièce de monnaie s'exprimera en millimètres, la distance de deux villes en kilomètres.

Les distances comptées sur les routes se comptent en kilomètres. C'est pour ainsi dire la seule unité employée, et ceci est si vraie que si une longueur est donnée en myriamètres, on le convertit immédiatement en kilomètres par l'addition d'un zéro, afin de s'en faire une idée plus nette. Sur les chemins vicinaux où les distances sont moins grandes on les exprime en kilomètres et en hectomètres.

Le kilomètre avec son multiple et son sous-multiple sont appelés *mesures itinéraires*, du mot latin *iter* qui signifie chemin.

Les mesures effectives de longueur sont au nombre de 8, ce sont, par ordre de grandeur décroisssante.

> Le *double décamètre*.
> Le DÉCAMÈTRE.
> Le *demi-décamètre*
> Le *double-mètre*
> Le MÈTRE.
> Le *demi-mètre*.
> Le *double-décimètre*.
> Le DÉCIMÈTRE.

Ou retiendra facilement cette liste en remarquant qu'elle se compose de trois mesures, le décamètre, le mètre et le décimètre chacune avec son double et sa moitié, sauf le demi-décimère qui n'existe pas.

Les trois premières sont formées par des tiges de fer réunies par des anneaux de cuivre ou de fer. Le décamètre porte spécialement le nom de *chaîne d'arpenteur*, les autres sont en bois, en cuivre ou en ivoire.

Les mesures qui ont la forme d'un ruban en cuir ou en étoffe, sont prohibées par la loi.

CHAPITRE II.

Mesures de surface.

Les mesures de surface sont celles qui servent à mesurer l'étendue à deux dimensions : longueur et largeur.

Pour mesurer les surfaces on prend pour unité le *carré*, qui a pour côté l'unité de longueur.

L'unité principale des mesures de surface sera, par conséquent, le carré, qui a pour côté l'unité principale de longueur, c'est-à-dire un mètre: on l'appelle *mètre carré*.

C'est la géométrie qui enseignera comment, avec la connaissance de quelques-unes des dimensions d'une figure de forme quelconque, on peut en calculer la surface.

L'expression *mètre carré* se désigne pour abréger : *mq*. Cette notation vient de ce que le mot *carré* s'écrivait autrefois *quarré*; on distingue ainsi le mètre carré du mètre cube dont l'abréviation est, *mc*.

Les multiples du mètre sont :

Décamètre carré	Dmq.
Hectomètre carré	Hmq.
Kilomètre carré	Kmq.
Myriamètre carré	Mmq.

Les sous-multiples sont :

Décimètre carré	*dmq*.
Centimètre carré	*cmq*.
Millimètre carré	*mmq*.

THÉORÈME.

Les unités de surface sont de 100 en 100 fois plus petites.

Démontrons, par exemple, qu'un mètre carré vaut 100 décimètres carrés.

Soit A B C D un mètre carré.

Je divise les côtés A C et B D chacun en 10 parties égales, chacune de ces divisions vaut donc un décimètre; en les joignant deux à deux, le carré se trouve partagé en 10 rectangles égaux, tels que C H K D. Or, ce rectangle, comme le montre la figure, peut être partagé à son tour en 10 petits carrés qui ont un décimètre de cô é, c'est-à-dire en 10 décimètres carrés; mais il y a 10 rectangles superposés dans la figure entière qui contient 10 fois 10 ou 100 décimètres carrés, C Q F D.

On démontrerait de la même manière qu'une unité quelconque vaut cent fois l'unité qui la suit immédiatement.

Ainsi le décimètre carré est égal à la centième partie du mètre carré, le centimètre carré à la centième partie du décimètre carré, et par conséquent à la dix-millième partie du mètre carré, etc.

Inversement le mètre carré vaut 100 décimètres carrés 10,000 centimètres carrés, 1,000,000 de millimètres carrés.

Lors donc qu'on aura à écrire un nombre exprimant des unités de surfaces, et dans lequel le mètre carré sera pris pour unité, les décimètres carrés occuperont le rang des centièmes, après la virgule, les centimètres le rang des dix-millièmes et les millimètres le rang des millionièmes.

Donnons quelques exemples.

Nombres donnés.		Nombres écrits en chiffres.
5 mq.	3 dq.	5^{mq},03
12 mq.	438 cq.	1,0438
7 mq.	4 mmq.	7,000004

Raisonnons le second exemple. Le nombre 12,0438, sans désignation d'unité, doit se lire 12 unités 438 dix-millimètres, or, si 12 représente des mètres carrés, 438 représente des dix-millièmes de mètre carré ou précisément des centimètres carrés, puisque le centimètre carré est la dix-millième partie du mètre carré.

Un raisonnement analogue fera voir que les *décamètres carrés* doivent occuper le rang des *centaines*, les *hectomètres carrés* le rang des *dizaines de mille*, les *kilomètres* le rang des millions.

Lire un nombre exprimant des unités de surface.

Pour lire un tel nombre on commencera par le diviser en tranches de deux chiffres, à partir de la virgule et en allant vers la gauche, la première tranche sera celle des mètres carrés, la seconde celle des décamètres carrés et ainsi de suite ; la dernière tranche à l'extrême gauche peut n'avoir qu'un seul chiffre. En faisant la même opération vers la droite à partir de la virgule, on obtiendra successivement la tranche des décimètres carrés, des centimètres carrés, des millimètres carrés.

1er exemple : lire le nombre 34705^{mq},0049.

Le nombre décomposé en tranches de deux chiffres s'écrit : 3.47.05^{mq},00.49 et se lira : 3 hectomètres carrés, 47 décamètres carrés, 5 mètres carrés, 49 centimètres carrés. On ne fait pas mention *en lisant* des décimètres absents.

2e exemple : lire le nombre 873^{mq},425.

Lorsque le nombre est décomposé en tranches de deux chiffres, la dernière tranche *à droite*, celle des centimètres, se compose du seul chiffre 5. Or, les unités de centimètres carrés doivent se trouver au rang des dix-millièmes ; on convertira donc la partie décimale 425 du nombre donné en dix-millièmes par l'addition d'un zéro, ce qui est permis, la tranche des centimètres carrés se composera des deux chiffres 50, et le se lira: 8 Dq, 73 mq, 42 dq, 50 cq.

On devra agir ainsi toutes les fois que la partie décimale du nombre donné se composera d'un nombre impair de chiffres.

MESURES AGRAIRES.

Pour mesurer les champs, les bois, les pièces d'eau, etc., le mètre carré, unité principale de surface, était une mesure trop petite; on a pris pour unité principale son premier multiple le *décamètre carré*, et l'on compte par décamètres carrés absolument comme sur les routes on compte par kilomètres et non par mètres.

Le décamètre carré ainsi employé a reçu le nom de *are*, du mot latin *area*, surface plane.

Le décamètre carré devenant l'unité principale, son premier multiple est l'hectomètre carré, qui est 100 fois plus grand ; on forme son nom régulièrement en ajoutant *hecto* devant le mot *are*, d'où est venu *hectare*; c'est le seul multiple de l'are.

L'are n'a qu'un seul sous-multiple, le mètre carré, qui est la centième partie du décamètre carré ou are, on l'a donc appelé *centiare*. Il était inutile de créer un sous-multiple plus petit, car l'évaluation de la surface d'un champ est satisfaisante lorsqu'on le connaît à un mètre carré près.

L'hectare, l'are et le centiare portent le nom commun de *mesures agraires*, du mot latin *ager*, champ.

Les élèves devront bien se rappeler qu'il n'y a aucune différence entre les mesures de surface dont il a été question plus haut et les mesures agraires; le nom seul varie et le passage des unes aux autres s'opère par un simple changement de mots qui est indiqué dans les deux lignes suivantes :

hectom. q.	décam. q.	mèt. q.
hectare	are	centiare

1er exemple. *Combien 38 hectares valent-ils de mètres carrés ?* Dire 38 hectares, c'est dire 38 hectomètres carrés. Je convertirai donc ces Hq. en Dq. par l'addition de 2 zéros, et en mq. en ajoutant deux nouveaux zéros, ce qui donne 380000 mètres carrés.

2e exemple. *Exprimer en mesures agraires le nombre 34567 mètres carrés.* Ce cas est encore plus facile à résoudre. Je décompose le nombre en tranches de deux chiffres, d'après la règle donnée, et le nombre se lit : 3 hectom. q., 45 décam. q., 67 mèt. q.; d'où, en changeant le nom des unités, 3 hectares, 45 ares, 67 centiares.

Les deux lignes qui suivent sont identiques :

| 3 hectom. q. | 45 décam. q. | 67 mèt. q. |
| 4 hectares | 45 ares | 67 centiares |

Il n'y a pas de mesures réelles pour les surfaces; l'évaluation des surfaces se fait par les méthodes qu'enseigne la géométrie.

CHAPITRE III.

Mesures de volume.

On appelle *volume* d'un corps la partie de l'espace occupé par ce corps.

Pour mesurer les volumes on prend pour unité un solide nommé *cube*, il a la forme d'un dé à jouer, c'est-à-dire qu'il est compris sous six faces qui sont des carrés égaux.

La ligne suivant laquelle deux faces se rencontrent s'appelle *arête*; un cube a douze arêtes, lesquelles sont toutes égales. Il suffira donc de connaître la longueur d'une arête, ou ce qui est la même chose, le côté de l'une des faces pour pouvoir construire un cube.

L'unité de mesure pour les volumes est le cube construit avec l'unité de longueur pour arête.

L'unité principale de volume est donc le cube ayant pour arête le mètre, unité principale de longueur. Ses faces sont des mètres carrés; on le désigne par cette abréviation : mc.

Le mètre cube n'a pas de multiples. Ses sous-multiples sont le décimètre cube (dc), le centimètre cube (cc) et le millimètre cube (mmc), ce dernier bien peu usité. La définition de ces mesures est identique à celle de l'unité principale, le décimètre cube est un cube qui a pour côte un décimètre, etc.

THÉORÈME.

Les unités de surface sont de 1000 en 1000 fois plus petites.

Démontrons, par exemple, qu'un mètre cube vaut 1000 décimètres cubes.

Imaginons pour cela uue boîte cubique dont l'arête, mesurée ultérieurement, soit égale à un mètre, la contenance de la boîte sera un mètre cube. Le fond sera un mètre carré que je pourrai diviser, comme on l'a démontré plus haut, en 100 décimètres carrés. Sur chacun de ces décimètres carrés je pourrai construire un cube, et le fond de la boîte sera couvert d'une couche de 100 décimètres cubes; mais cette couche, qui a un décimètre de hauteur, n'occupe que la dixième partie de la hauteur de la boîte. Je pourrai donc superposer 9 nouvelles couches à la première, alors la boîte de 1 mètre cube sera pleine et contiendra 10 fois 100 décimètres cubes, ou 1000 décimètres cubes CQFD.

On démontrerait d'une manière analogue que le décimètre cube contient 1000 centimètres cubes, et que le centimètre cube vaut 1000 millimètres cubes.

Ainsi le décimètre cube est égal à la millième partie du mètre cube, le centimètre cube à la millième partie du décimètre cube ou à la millionième partie du mètre cube, etc.

Lors donc qu'on aura à écrire un nombre exprimant des unités de volume, le mètre cube étant pris pour unité, les décimètres cubes occuperont le rang des millièmes, c'est-à-dire le troisième après la virgule, et les centimètres cubes le rang des millionièmes, le sixième après la virgule.

Donnons quelques exemples :

Nombres donnés	Nombres écrits en chiffres
3 mc. 26 dc.	3,026
7 dc.	0,007
4 mc. 1256 cc.	4,001256
5 mc. 18 cc.	5,000018

Raisonnons sur l'un des cas précédents. Le nombre 4,001256 si on ne désigne pas l'espèce de ses unités doit se lire : 4 unités 1256 millionièmes. Or, si le 4 représente des mètres cubes, la partie décimale est égale à 1256 *millionièmes de mètre cube*, c'est-à-dire à 1256 *centimètres cubes*.

On le voit, chacun des sous-multiples du mètre cube est représenté par une série de trois chiffres : les unités de décimètres, centimètres et millimètres cubes occupent respectivement les troisième, sixième et neuvième rang après la virgule.

Cette remarque permet de résoudre facilement la question suivante.

Lire un nombre exprimant des unités de volume.

Soit à lire le nombre 35^{mc}, 47829. D'après ce qui vient d'être dit les 478 millièmes représentent les décimètres cubes ; il reste 29 cent millièmes que je convertirai en millionièmes de mètre cube, c'est-à-dire eu centimètres cubes, par l'addition d'un zéro, ce qui est permis dans un nombre décimal ; et le nombre proposé se lira : 35 mc. 478 dc. 290 cc. Ainsi donc on divise le nombre proposé à partir de la virgule et en allant vers la droite en tranches de trois chiffres qui représenteront respectivement les dc. cc. mmc. Si la dernière tranche à droite n'a que deux ou même qu'un seul chiffre on la complétera par l'addition de un ou de deux zéros.

Dans la question inverse, c'est-à-dire lorsqu'on aura à *écrire* un nombre exprimant des volumes, si l'une des unités vient à manquer, son rang est indiqué par une tranche de 3 zéros. Ce cas s'est présenté plus haut dans notre 4e exemple où les décimètres font défaut.

Le mètre cube s'emploie pour évaluer le volume des blocs de pierre, des ouvrages de maçonnerie ou de terrassement, des bois de construction ; pour mesurer le volume des bassins, des appartements, etc., mais pour ces usages il n'y a aucune mesure effective, c'est par les procédés géométriques qu'on arrive aux résultats.

Sur les routes, pour mesurer les tas de cailloux, on se sert d'une boîte sans fonds, à laquelle on donne, pour la commodité de la manœuvre, la forme d'un tronc de pyramide à base rectangle. Les dimensions en sont calculées de façon à ce que son volume soit équivalent à un mètre cube : toutefois ce n'est pas une mesure autorisée par la loi.

Mesures de bois de chauffage.

L'unité de mesure pour les bois de chauffage est le mètre cube qui prend alors le nom de *stère*.

Le stère n'a qu'un seul multiple : le *décastère* qui vaut dix stères, et un seul sous-multiple : le *décistère*, dixième partie du stère.

Le stère seul est une mesure effective. Il se compose d'une pièce de bois nommée *sole*, d'environ 1^m 30 de longueur et que l'on place horizontalement sur le sol. Sur cette pièce et à 1 mètre de distance on ajuste perpendiculairement deux *montants* de 1 mètre de hauteur. Alors on superpose sur la sole des bûches ayant exactement un mètre de longueur, et lorsque la pile de bois s'élève jusqu'à la hauteur des extrémités des montants, elle forme un mètre cube.

Dans quelques localités, à Paris par exemple, les bûches livrées par le commerce ont un peu plus de 1 mètre de longueur ; alors on compense cette augmentation dans un sens en diminuant l'écartement des montants.

Outre le stère, la loi autorise encore comme mesures effectives pour les bois de chauffage le *double-stère* qui vaut deux stères et le *demi-décastère* qui vaut cinq stères.

Mesures de capacité.

Pour mesurer les liquides et les matières sèches on a choisi pour unité principale le *décimètre cube* qui prend alors le nom de *litre*.

Le litre a des multiples et des sous-multiples qui suivent la loi décimale, c'est-à-dire qui sont de 10 en 10 fois plus grands ou plus petits, ce sont :

Multiples.	Kilolitre	Kl.	1000 litres.
	Hectolitre	Hl.	100 »
	Décalitre	Dl.	10 »

LITRE.

Sous-multiples .	Décilitre	dc.	10e partie du litre.
	Centilitre	cl.	100e »
	Millilitre	ml.	1000e »

L'expression *kilolitre* n'est jamais usitée. L'unité secondaire la plus élevée dont on se serve dans la pratique est l'hectolitre. Ainsi on dira que la production d'une brasserie est de 150 hectolitres par semaine et non pas 15 kilolitres.

La même remarque s'applique au mot *millilitre*. On conserve cependant ces deux dénominations qui servent de trait d'union entre les mesures de capacité et les mesures cubiques ; en effet, le kilolitre vaut 1000 litres ou 1000 décimètres cubes : il est donc équivalent au mètre cube. Le millilitre est la 1000^c partie du litre, ou 1000e partie du décimètre cube ; ce n'est donc autre chose qu'un centimètre cube.

Nota : On peut dès à présent consulter le tableau qui se trouve à la fin du chapitre suivant et qui met en évidence les relations qui existent entre les mesures de volume, de capacité et de poids.

Les mesures effectives de contenance sont au nombre de 13 ; la plus grande est l'hectolitre, la plus petite le centilitre : entre ces deux limites se trouvent les autres unités secondaires, chacune d'elles avec son double et sa moitié.

Mesures effectives pour les liquides.

On distingue :

1° Les *grandes mesures*, au nombre de cinq :

> L'hectolitre.
> Le demi-hectolitre.
> Le double décalitre.
> Le décalitre.
> Le demi-décalitre.

Elles sont en cuivre ou en tôle étamée intérieurement; leur forme est celle d'un cylindre dout le diamètre est égal à la hauteur.

La hauteur de l'hectolitre est égale à 503 millimètres.

2° Les *petites mesures*, au nombre de huit :

> Le double litre.
> Le litre.
> Le demi-litre.
> Le double décilitre.
> Le décilitre.
> Le demi-décilitre.
> Le double centilitre.
> Le centilitre.

On en construit de deux formes suivant l'usage auquel on les destine.

Les unes pour la mesure des boissons sont en étain : elles ont la forme d'un cylindre dont la largeur est égale à la moitié de la hauteur.

Les autres destinées à mesurer le lait et l'huile sont en fer-blanc ; elles sont cylindriques, et leur largeur est égale à leur hauteur.

Mesures effectives pour les matières sèches.

Elles servent pour les grains, les légumes, le charbon, etc. Elles sont au nombre de 11, depuis l'hectolitre jusqu'au demi-décilitre. Entre ces mesures extrêmes se trouvent le décalitre, le litre et le décilitre, chacun avec son double et sa moitié.

Ces mesures sont cylindriques : leur diamètre est égal à leur hauteur. Elles sont en tôle ou en bois ; dans ce cas, elles doivent être garnies dans leur partie supérieure d'une bordure de tôle afin de conserver leurs dimensions.

Remarque. — Les vins et les alcools sont expédiés dans des fûts dont la contenance varie d'un pays à un autre et n'est pas réglée par la loi : la *pièce* du Mâconnais contient 220 litres ; la *barrique* bordelaise 228 litres.

CHAPITRE IV.

Mesures de poids.

L'unité principale des mesures de poids est le *gramme*.

Il est égal au poids d'un centimètre cube d'eau distillée, pesée dans le vide à la température de 4° centigrades.

On a choisi l'*eau* parce que c'est le liquide le plus commun ; *distillée*, afin qu'elle ne contienne aucune matière étrangère ; on l'a *pesée dans le vide*, parce qu'un corps pesé dans l'air perd une partie de son poids ; enfin on a choisi la température de $+ 4°$ parce que c'est alors qu'un certain poids d'eau occupe le plus petit volume possible ; c'est ce qu'on exprime en disant qu'à cette température l'eau arrive à sa plus grande densité, atteint son *maximum de densité*.

Le gramme dérive du mètre par l'intermédiaire du centimètre cube.

Les multiples et les sous-multiples du gramme, comme ceux du mètre, suivent la loi décimale. Ce sont :

Myriagramme	Myg.	10000	grammes.
Kilogramme	Kg.	1000	»
Hectogramme	Hg.	100	»
Décagramme	Dg.	10	»

GRAMME

Décigramme	dg.	10e partie du gramme.	
Centigramme	cg.	100e	»
Milligramme	mmg.	1000e	»

Le mot myriagramme est bien peu usité. On le conserve pour servir de lien entre le kilogramme et le quintal.

Pour les fortes pesées on emploie les deux expressions suivantes :

Quintal ou *quintal métrique* qui vaut 100 kilogrammes.

Tonne ou *tonneau de mer* qui vaut 1000 kilogrammes. Un vaisseau de 600 tonneaux est un vaisseau qui peut porter un chargement de 600,000 kilos.

Les mesures effectives de poids sont au nombre de 24, depuis le milligramme jusqu'au poids de 50 kilos. On les divise en poids en fonte de fer et en poids en cuivre.

Poids en fonte de fer.

Il y en a de deux sortes : les uns ont la forme d'un tronc de pyramide rectangulaire dont les arêtes sont arrondies ; les autres ont la forme d'un tronc de pyramide hexagonal ou à six pans.

Tous ces poids sont surmontés d'un anneau au moyen duquel on les soulève.

Ils sont au nombre de dix, et leur liste est facile à former en sachant qu'elle va du demi-hectogramme jusqu'au demi-quintal, chacune des unités intermédiaires existant avec son double et sa moitié.

Poids en cuivre.

Il y en a de trois sortes :

1° Les *poids cylindriques* surmontés d'un bouton. Ils sont au nombre de 24, depuis le gramme jusqu'au double myriagramme, toutes les unités intermédiaires existant avec leur double et leur moitié.

Nous avons dit qu'on ne se servait pas de l'expression *myriagramme*. En effet, tous ces poids comme toutes les mesures métriques, doivent porter l'indication de leur valeur ; or, les marques indiquées par la loi sont : 5 kg., 10 kg., 20 kg., et non : demi-myriagramme, myriagramme, double-myriagramme.

2° Les *poids en lames*. Ils ont la forme d'un carré dont les coins sont coupés. Quelquefois l'un des coins est conservé et relevé afin qu'on puisse saisir le poids soit avec les doigts soit avec une petite pince. Ils sont en cuivre, quelquefois en argent ou en platine afin d'éviter l'oxydation.

Ces poids appelés spécialement *petits poids* sont au nombre de neuf : depuis le milligramme jusqu'au demi-gramme.

3° Les *poids à godets* qui sont creux et coniques ; ils peuvent s'emboîter exactement les uns dans les autres. Le plus petit est le gramme ; chacun d'eux est égal au poids total de tous ceux qu'il renferme et correspond à l'un des poids cylindriques en cuivre.

Les *petits poids* servent à peser les objets précieux, les bijoux, les diamants ; on en fait usage dans les analyses chimiques et en pharmacie.

Le poids des diamants s'évalue en *karats*.

Le karat n'est pas une mesure légale ; sa valeur est 0,gr. 205. On se la rappellera facilement en remarquant *qu'il en faut cinq pour faire un gramme*. L'erreur que l'on commet peut être négligée.

TABLEAU

*Indiquant les relations qui existent entre les mesures cubiques,
les mesures de contenance et les poids.*

		déc. c.			cent. c.			mm. c.
Q.	Mg.	Kg.	Hg.	Dg.	Gr.	dg.	cg.	mmg.
Dl.	Hl.	Lit.	dl.	cl.	mml.			

CHAPITRE V.

Monnaies.

L'unité monétaire est le *franc*. C'est une pièce de monnaie
qui contenait, à la création du système, neuf dixièmes de son
poids d'argent et un dixième de cuivre, son diamètre est 23 millimètres ; son épaisseur 1 millimètre : le franc dérive donc du
mètre par ses dimensions et par son poids.

Les multiples du franc n'ont pas reçu de noms particuliers.

Le franc a deux sous-multiples qui suivent la loi décimale ;
mais au lieu de dire régulièrement *déci-franc, centi-franc*, on
dit : *décime, centime*. Cette dernière expression est même la
seule employée, et l'on dit presque toujours *10 centimes* et non
1 décime.

On appelle *titre* des pièces de monnaie le nombre qui indique
la proportion du métal précieux qui entre dans le poids total
d'une pièce de monnaie ou de bijouterie.

Si, par exemple, 850 grammes d'argent sont unis à 150 grammes de cuivre pour former 1000 grammes d'alliage, le poids de
l'argent est égal aux 850 millièmes du poids total : ce nombre
850/1000ᵉˢ est le *titre* de l'alliage.

Le cuivre que l'on ajoute à l'or et à l'argent sert à leur donner plus de dureté et de résistance.

Il y a trois sortes de monnaies.

1° La *monnaie d'or*. Le titre de ces pièces est de 900/1000mes ou 9/10es, c'est-à-dire que dans un lingot d'or monnayé ou prêt à être converti en pièces et pesant 1000 grammes, il y a 900 grammes d'or et 100 grammes de cuivre.

2° La *monnaie d'argent*. Avant ces dernières années le titre des monnaie d'argent était, comme celui de l'or, 900/1000es. Mais certaines puissances étrangères ayant une monnaie d'argent d'un titre inférieur s'emparaient de notre numéraire et démonaitisaient nos pièces. C'est pour faire cesser cet état de choses que le titre a été baissé : il est actuellement de 835/1000mes.

3° La *monnaie de bronze*. On appelle bronze, en général, un alliage de plusieurs métaux dans lequel le cuivre domine. Le bronze des monnaies est ainsi composé : sur 100 parties en poids, il y a 95 parties de cuivre, 4 d'étain et 1 de zinc. L'addition du zinc et de l'étain sert à enlever au cuivre une partie de sa malléabilité.

La série des monnaies se compose de quatorze pièces dont la valeur, le diamètre et le poids sont renfermés dans le tableau suivant :

	INDICATION et valeur des pièces	DIAMÈTRE en millimètres	POIDS en grammes
5 en or.	100	35	32.258
	50	28	16.129
	20	21	6.4516
	10	19	3.2258
	5	17	1.6129
5 en argent.	5	37	25
	2	27	10
	1	23	5
	0.50	18	2.5
	0.20	5	1
4 en bronze.	0.10	35	10
	0.05	20	5
	0.02	25	2
	0.01	10	1

L'étude de ce tableau donne lieu à plusieurs remarques.

Une somme quelconque en bronze pèse autant de grammes qu'elle contient de centimes. Un franc en bronze pèse donc 100 grammes, on en conclut qu'à poids égaux la *monnaie* d'argent vaut 20 fois la *monnaie* de bronze.

La monnaie d'or à poids égaux, vaut 15 fois et demie (15,5) la monnaie d'argent,

Quant à la valeur absolue de l'or et de l'argent, elle est soumise à des variations qui ont pour cause la plus ou moins grande abondance de ces métaux précieux amenés par importation sur les marchés d'Europe.

Dans le commerce l'or monnayé *brut* s'achète à raison de trois francs le gramme.

La monnaie d'argent et surtout la monnaie de bronze peuvent servir à vérifier certaines pesées et même remplacer les poids ordinaires. Aussi dans les banques où l'on a quelquefois de grandes quantités de numéraire à compter, on ne compte pas, on pèse, ce qui est beaucoup plus expéditif : ainsi on obtiendra une somme de 500 francs en monnaie d'argent en faisant équilibre avec cette monnaie à un poids de 5×005 grammes ou 2500 grammes. De même 100 francs en bronze pèsent 100 hectogrammes ou 10 kilogrammes.

On ne fabrique plus de pièces de 40 francs ; mais il est question de frapper des pièces de 25 francs, valeur très approchée de la *livre sterling*, afin de faciliter les transactions commerciales avec l'Angleterre.

Tolérance.— On conçoit, que malgré les perfectionnements de la fabrication, il soit très difficile d'obtenir des pièces ayant rigoureusement le poids fixé par la loi ; il y a presque toujours une légère différence soit en plus soit en moins ; les limites de cette erreur ont été déterminées par une loi, et c'est cette erreur permise que l'on appelle *tolérance.*

La tolérance varie de 1 à 3 millièmes du poids de la pièce pour la monnaie d'or ; de 3 à 10 millièmes pour la monnaie d'argent et de 10 à 15 millièmes pour le bronze. L'erreur permise est d'autant plus petite que la pièce est plus lourde et le métal plus précieux.

Il existe encore une *tolérance de titre* qui est égale aux 2 millièmes du titre légal, en-dessus ou en-dessous, pour la monnaie d'or comme pour la monnaie d'argent.

CHAPITRE VI.

Mesures étrangères.

Nous donnerons d'abord quelques mesures itinéraires encore en usage en France surtout dans la marine ; puis nous indiquerons les principales mesures étrangères, la connaissance de leur valeur étant nécessaire afin de pouvoir les convertir au besoin en mesures françaises.

Des anciennes mesures françaises, malheureusement encore employées, surtout dans les campagnes, nous ne disons rien. Le seul moyen de ne pas en perpétuer l'usage est de n'en pas parler.

Mesures itinéraires.

La lieue géographique ou terrestre 4444 m.
La lieue de poste 4 km   4000 m.
La lieue marine de 20 au degré 5555 m.
Le mille marin   1852 m.
L'encablure   200 m.
Le nœud   15 m. 40
La brasse   1 m. 62

ANGLETERRE

Mesures de longueur.

Yard   0 m. 91
Pied   0 m. 30

Mesures de capacité.

Gallon	4 lit. 5

Mesures de poids.

Tonne	1016 kg.
Livre (de 16 onces)	453 gr.

Monnaies.

OR	Guinée (21 sch.)	26 f. 468
	Souverain ou / Livre sterling } (20 sch.)	25 f. 21
ARGENT	Crown	5 f. 80
	Schelling	1 f. 16
BRONZE	Penny	0 f. 1042

A chacune de ces pièces correspond une pièce de valeur moitié moindre.

AUTRICHE

Mesures de longueur.

Aune	0 m. 78
Pied	0 m. 31

Mesures de poids.

Quintal (Hongrie)	56 k.
Livre	560 g.
Quintal (Bohême)	100 k.
Livre	1 k.

Mesures de capacité.

Mass	1 lit. 41

Monnaies.

OR	Souverain	34 f. 84
	Ducat	11 f. 81

ARGENT Risdale (Reichsthaler)   5 f. 61
         Couronne   5 f. 78
         Florin   2 f. 59
BRONZE Kreutzer   0 f. 043

RUSSIE

Mesures de longueur.

Verste	1 k. 066
Sagène	2 m. 13
Pied	0 m. 304
Palme de Riga (p. les bois)	0 m. 077

Mesures de poids.

Tonne	298 k.
Poud	16 k.
Livre	0 k. 41
Doli	0 g. 4

Mesures de capacité.

Tonneau	649 lit.
Oxhoft	221 lit.
Ancre.	37 lit.
Vedro	12 lit.
Crouchka	1 lit.

Monnaies

OR   Ducat   11 f. 78
       Impériale (10 roub.)   41 f. 29
       Pièce de 5 roubles   20 f. 66
ARGENT Rouble   4 f.
BRONZE Kopeck   0 f. 04

ESPAGNE

Mesures de longueur.

Vare	0 m. 83
Pied	0 m. 27
Pouce	0 m. 023
Ligne	0 m. 002

Mesures de poids.

Tonne	920 k.
Quintal	46 k.
Livre	460 g.
Once	2 g. 8

Mesures de capacité

Tanègue	55 lit.
Pipa	436 lit.

Monnaies.

OR	Quadruple	85 f.
	Doublon	27 f.
	Pistole	21 f. 60
	Ecu	10 f. 80
	Piastre (Escudo d'oro)	5 f. 40
ARGENT	Piastre	5 f. 40
	Réal	0 f. 27
	Ochavo	0 f. 016
	Maravédis	0 f. 008

ETATS-UNIS

Mesures de longueur

Yard	0 m. 91
Coudée	0 m. 46
Palme	0 m. 08
Pouce	0 m. 03

Mesures de poids.

Quintal	50 k. 790
Livre	3 k. 453
Once	28 g.

Mesures de capacité.

Baril	120 lit.
Gallon	3 lit.
Quart	0 lit. 9

Monnaies.

OR	Double-aigle	51 f. 98
	Aigle et demi-aigle	
ARGENT	Dollar	5 f. 40
	1/2 dollar et 1/4 de dollar	
	Cent	0 f. 054

BRÉSIL

Mesures de longueur.

Brasse	2 m. 20
Vare	1 m. 10
Pied	0 m. 33
Palme	0 m. 22

Mesures de poids.

Tonne	793 k.
Quintal	58 k.
Livre	460 g.
Once	30 g.

Mesures de capacité

Alqueire	36 lit.
Moio	22 lit.

Monnaies. — La monnaie de compte est le reis. On compte par mille et par centaines de reis.

VALEUR EN REIS

OR	Dubrao	24000	169 f. 61
	Dubrao	12800	90 f. 43
	· Portugaise	4800	40 f. 75
	Couronne	3550	30 f. 16
	Cruzade	480	3 f. 36
ARGENT	Couronne	1000	6 f. 03
	Cruzade		6 f. 94

En *Portugal* les mesures sont les mêmes qu'au Brésil, à l'exception des monnaies qui, depuis 1854, suivent le système décimal.

Le système métrique décimal est durable, car son unité fondamentale, avec laquelle on a formé toutes les autres mesures, est une fraction des dimensions de la terre : on pourrait donc toujours la retrouver si elle se perdait ou s'altérait.

Il est d'une admirable simplicité. Cette qualité ne pouvait mieux être mise en évidence que par la nomenclature des mesures étrangères, qui ne sont, pour ainsi dire, jamais sous-multiples l'une de l'autre, ce qui rend les calculs extrêmement longs.

Enfin il n'a rien de particulier à la France, puisque aucune des anciennes mesures françaises n'a été conservée.

Ces qualités indiscutables ont fait que le système métrique a été adopté successivement en Belgique, en Suisse et en Italie.

L'adoption du système tend de plus en plus à se généraliser. En Hollande les mesures, sauf les monnaies, sont les mêmes sous des noms différents. En Danemarck, en Suède, en Grèce, au Pérou, au Chili, dans la Nouvelle-Grenade, les mesures métriques sont en usage conjointement avec les mesures locales ; il en sera de même au Brésil à partir de 1873. L'Angleterre et les Etats-Unis ont autorisé *l'emploi légal* des mêmes mesures ; enfin ce sont les seules en usage dans les relations scientifiques des sociétés savantes étrangères.

LIVRE III

PROPRIÉTÉS DES NOMBRES

CHAPITRE PREMIER

De la Divisibilité

Lorsqu'un nombre peut être divisé exactement par un autre, on dit que le premier est *divisible* par le second.

Ainsi la division de 24 par 6 se fait sans reste : on dit que *24 est divisible* par 6.

On appelle *multiples* d'un nombre les produits obtenus en répétant ce nombre 2 fois, 3 fois etc., et, en général, un nombre exact de fois.

Par définition les multiples d'un nombre sont divisibles par ce nombre.

Les puissances d'un nombre sont évidemment des multiples de ce nombre.

On appelle *sous-multiple* d'un nombre tout nombre qui y est contenu un certain nombre de fois exactement. Ainsi 4, 6, 9, 12 sont des sous-multiples de 36.

Tous les nombres ont des multiples, mais n'ont pas nécessairement de sous-multiples.

Théorème. — *Si deux nombres sont divisibles par un troisième, leur somme et leur différence sont aussi divisibles par ce troisième nombre.*

Soient les deux nombres 21 et 35 qui tous deux sont divisibles par 7. Il faut démontrer que la somme 35+21 et la différence 35—21 sont divisibles par 7. En effet 35+21 se compose de 5 *fois plus* 3 *fois* 7, ou 8 *fois* 7 ; la différence 35—21 se compose de 5 *fois moins* 3 *fois* ou 2 *fois* 7 : donc la somme et la différence des deux nombres proposés, se composant d'un nombre exact de fois 7, sont divisibles par 7. C. Q. F. D.

Théorème. — *Si l'on additionne deux nombres, l'un divisible par un troisième, l'autre ne l'étant pas, la somme ne sera pas divisible par ce troisième nombre.*

Soient 35 et 23 deux nombres, le premier divisible par 7, le second non divisible. Le nombre 35 est égal à 5 fois 7 ; 23 est égal à 3 fois 7 plus 2 ; j'effectue l'addition :

$$35 = 5 \text{ fois } 7$$
$$23 = 3 \text{ fois } 7 \quad \text{plus } 2$$
$$\overline{58 = 8 \text{ fois } 7 \quad \text{plus } 2}$$

Cette disposition du calcul montre que 58 ne contient pas 7 un nombre exact de fois, et, par conséquent, n'est pas divisible par 7. C. Q. F. D.

Divisibilité par 2 et par 5.

Principe. — *Tout nombre exact de dizaines est divisible par 2 et par 5.*

En effet 10 étant égal à 5×2, un nombre quelconque de dizaines, 7 par exemple, sera égal à $7 \times 5 \times 2$ unités ou à 35 fois 2 ; ou encore à $7 \times 2 \times 5$ unités c'est-à-dire 14 fois 5 ; un nombre exact de fois 10 est donc à la fois divisible par 2 et par 5.

Théorème. — *Pour qu'un nombre soit divisible par 2, il suffit qu'il soit terminé par un zéro, ou par l'un des chiffres 2, 4, 6, 8.*

En effet, s'il est terminé par un zéro, c'est un nombre exact de dizaines, et, d'après le principe précédent il est divisible par 2. Par exemple 130 est divisible par 2, puisque ce nombre se compose exactement de 13 dizaines.

Il en sera de même, à plus forte raison si le nombre proposé était terminé par plusieurs zéros.

Soit maintenant un nombre, 136 par exemple, terminé par un des chiffres 2, 4, 6, 8. Ce nombre est égal à $130+6$ c'est-à-dire qu'il est la somme de deux nombres divisibles par 2, donc il est lui aussi divisible par 2. C. Q. F. D.

Tout chiffre ou nombre divisible par 2 est appelé *chiffre* ou *nombre pair* ; on appelle *chiffres* ou *nombres impairs* ceux qui ne sont pas divisibles par 2.

Dans la suite des nombres, les nombres pairs et impairs se succèdent alternativement. Tout nombre impair est égal à un nombre pair augmenté d'une unité.

Théorème. — *Pour qu'un nombre soit divisible par 5 il faut qu'il soit terminé par un ou plusieurs zéros ou par 5.*

En effet, s'il est terminé par un zéro, c'est un nombre exact de dizaines ; donc d'après le principe donné plus haut il est divisible par 5.

Considérons un nombre 135 terminé par un 5. Il est égal à $130+5$, c'est-à-dire qu'il est la somme de deux nombres divisibles par 5 ; donc il lui est aussi divisible par 5. C. Q. F. D.

Divisibilité par 4 et par 25.

Principe. — *Un nombre composé exactement de une ou plusieurs centaines est divisible par 4 et par 25.*

La démonstration de ce principe est analogue à celle du principe précédent. 100 ou 25×4 étant égal à un nombre exact de fois 25, il en sera de même d'un nombre formé par la réunion de plusieurs centaines.

THÉORÈME. *Pour qu'un nombre soit divisible par 4, il faut qu'il soit terminé par 2 zéros ou que le nombre formé par les deux derniers chiffres à droite soit divisible par 4.*

En effet si le nombre est terminé par 2 zéros, 1700 par exemple, c'est un nombre exact 17 de centaines, il est par conséquent divisible par 4.

Soit 1712 un autre nombre. Il est égal à 1700+12, c'est-à-dire qu'il est la somme de deux nombres divisibles par 4 ; donc il est lui-même divisible par 4. C. Q. F. D.

THÉORÈME. *Pour qu'un nombre soit divisible par 25 il faut qu'il soit terminé par 2 zéros, ou que le nombre formé par les deux derniers chiffres à droite soit divisible par 25.*

En effet dans le premier cas c'est un nombre exact de centaines, et dans le second, c'est la somme de deux nombres divisibles tous deux par 25. C. Q. F. D.

Divisibilité par 8 et par 125.

PRINCIPE. — *Un nombre composé exactement de un ou plusieurs milles est divisible par 8 et par 125.*

Même démonstration que plus haut en marquant que 1000 est égal à 8×125.

THÉORÈME. — *Pour qu'un nombre soit divisible par 8 il faut qu'il soit terminé par 3 zéros, ou que le nombre formé par ses 3 derniers chiffres à droite soit divisible par 8.*

THÉORÈME. — *Pour qu'un nombre soit divisible par 125 il faut qu'il soit terminé par 3 zéros ou que le nombre formé par les 3 derniers chiffres à droite soit divisible par 125.*

La démonstration de ces deux théorèmes est identique avec celle des précédentes. En effet, dans le premier cas, les nombres proposés, étant terminés par 3 zéros, sont formés d'un nombre exact de milles.

Dans le second cas, ils sont la somme de deux nombres respectivement divisibles par 8 ou par 125. C. Q. F. D.

Divisibilité par 9 et par 3.

THÉORÈME. — *Un nombre quelconque est égal à un multiple de 9 (M 9), plus la somme de ses chiffres considérés comme des unités simples.*

La démonstration de ce théorème sera rendue évidente par les 3 petites remarques suivantes :

1° *Un nombre composé de 9, tel que 999, est un multiple de 9.*

En effet, la division de ce nombre par 9 se fera évidemment sans reste, le quotient étant composé d'autant de fois le chiffre 1 qu'il y avait de 9 au dividende.

2° *Un nombre tel que 1000 formé par l'unité suivie d'un certain nombre de zéros est égal à un multiple de 9 plus 1.*

En effet, 1000 est égal à 999+1, c'est-à-dire à un multiple de 9 plus 1.

3° *Un nombre formé par un chiffre significatif suivi d'un nombre quelconque de zéros est égal à un multiple de 9, plus ce chiffre significatif.*

Le nombre 7000, par exemple, est égal à un multiple de 9 plus 7.

En effet $1000 = 999 \times 1$. Pour obtenir 7000 il faudra répéter 7 fois 999, puis 7 fois 1 ; donc $7000 = 999 \times 7 + 7$; donc $7000 = $ M9 $+ 7$.

Considérons maintenant un nombre quelconque 47325. On peut le décomposer de la manière suivante :

$$
\begin{aligned}
40000 &= \text{M9} + 4 \\
7000 &= \text{M9} + 7 \\
300 &= \text{M9} + 3 \\
20 &= \text{M9} + 2 \\
5 &= \phantom{\text{M9}} + 5 \\
\hline
47325 &= \text{M9} + (4+7+3+2+5)
\end{aligned}
$$

Ce qui fait voir que le nombre 47325 est égal à un M9 augmenté de la somme de ses chiffres considérés comme des unités simples. C. Q. F. D.

Théorème. — *Pour qu'un nombre soit divisible par 9 il suffit que la somme de ces chiffres, considérés comme des unités, soit divisible par 9.*

Soit 4176 le nombre donné..

D'après le théorème précédent il est égal à M9+18, 18 étant la somme de ses chiffres. Donc 4176 est la somme de deux nombres divisibles par 9, donc lui-même l'est aussi. C. Q. F. D.

Corollaire. — Les théorèmes précédents permettent de trouver immédiatement le reste de la division d'un nombre par 9. En effet soit 47325 un nombre quelconque. Il est égal à M9+21 ou à M9+ 2 fois 9+3 et par conséquent à M9+3.

Donc pour résoudre cette question il suffira de faire la somme des chiffres du nombre proposé, de retirer 9 autant de fois qu'il sera possible, ce qui revient à diviser par 9; le reste obtenu sera le même que le reste de la division par 9 du nombre donné.

Remarque. — Dans la pratique, lorsqu'on fait la somme des chiffres, on laisse de côté les 9, puisqu'on doit les retirer ensuite; de plus, lorsqu'on a obtenu une somme supérieure à 9, on enlève cette quantité, et l'on conserve seulement le reste pour l'additionner avec les chiffres qui restent.

Exemple : trouver le reste de la division par 9 du nombre 473989298.

Je dis 4 et 7 font 11, ôté 9 il reste 2 ; je néglige le 9 ; 2 et 3 font 5 et 8 font 13, ôté 9 il reste 4 ; puis 4 et 2 font 6 et 8 font 14, ôté 9 il reste 5 ; donc en divisant par 9 le nombre proposé, on trouverait pour reste 5.

Théorème. — *Pour qu'un nombre soit divisible par 3, il suffit que la somme de ses chiffres, considérés comme des unités simples, soit divisible par 3.*

En remarquant que 3 est sous-multiple de 9, on voit que toute la démonstration précédente s'applique au chiffre 3 ; car tout nombre contenant un nombre exact de fois 9, contient aussi un nombre exact de fois 3.

Observons toutefois que la réciproque n'est pas vraie, et que si un nombre divisible par 9 l'est aussi par 3, tout nombre divisible par 3 ne l'est pas nécessairement par 9.

Preuve par 9 de la multiplication et de la division.

MULTIPLICATION. *Pour faire la preuve de la multiplication, on cherche les restes de la division par 9 du multiplicande et du multiplicateur; on en fait le produit, on retire 9 autant de fois qu'il est possible, et on obtient un troisième reste qui doit être le même que le reste de la division par 9 du produit trouvé.*

Soit à multiplier 374 par 58.

Le multiplicande 374 est égal à un multiple de 9 plus 5 ; nous avons donc à multiplier m9 + 5 par 58. En répétant 58 fois m9 nous obtiendrons nécessairement un nombre exact de fois 9. Il reste à répéter 58 fois 5 ou ce qui est la même chose 5 fois 58. Mais 58 = m9 + 4. En répétant 5 fois m9 on obtiendra encore m9, et on aura enfin à multiplier 5 par 4; ces deux chiffres étant les restes de la division par 9 du multiplicande et du multiplicateur.

Donc, en définitive, on voit que le produit de deux nombres quelconques est égal à un multiple de 9, plus le produit des restes de la division par 9 du multiplicande et du multiplicateur.

Par conséquent, en divisant par 9 ce dernier produit et le produit des nombres proposés, on doit trouver le même reste c'est ce que montre l'égalité suivante :

$$374 \times 58 = m9 + 5 \times 4$$
$$= m9 + 18 + 2$$
$$= m9 + 2$$

donc le produit final, divisé par 9, doit donner pour reste 2 ; ce dont il sera facile de s'assurer en faisant la somme de ses chiffres.

On donne aux calculs la disposition suivante :

$$
\begin{array}{l}
374 \;.\;.\;.\; 5 \\
58 \;.\;.\;.\; 4
\end{array} \Big\} \; 2
$$

$$
\begin{array}{l}
\underline{} \\
2992 \\
1870 \\
\underline{} \\
21692 \;.\;.\;.\;.\; 2
\end{array}
$$

Division. On ramène la preuve par 9 de la division, à la preuve d'une multiplication.

D'après la définition de la division, on sait que le produit du diviseur par le quotient augmenté du reste de la division doit être égal au dividende.

Inversement, le dividende diminué du reste doit être égal au produit du diviseur par le quotient.

On est ainsi conduit à cette règle :

Pour faire la preuve par 9 de la division on soustrait le reste du dividende et on vérifie que la multiplication du diviseur par le quotient donne bien le dividende ainsi diminué.

Les calculs auront la disposition suivante :

$$
\begin{array}{ll}
31715162 & \big| 425 \;.\;.\; 2 \\
1965 & \big| 74623 \;.\;.\; 4 \\
2651 & \\
1016 & \\
1662 & \\
\text{387} &
\end{array} \Big\} \; 8
$$

dividende diminué du reste 31714775   8

Remarque. Cette méthode de faire la preuve de la multiplication et de la division est, comme on le voit, beaucoup plus rapide que celle que nous avions indiquée ; toutefois elle ne donne pas non plus la *certitude absolue* que l'opération est exacte; en effet, si on se trompait de 9 ou de plusieurs fois 9, cette faute n'influerait pas sur les restes de la division par 9, et la preuve ne ferait pas découvrir l'erreur ; cependant ce cas devant être excessivement rare, on regardera comme très-probable l'exactitude du résultat lorsque la preuve par 9 l'indiquera.

CHAPITRE II.

Des nombres premiers.

On appelle *nombre premier absolu*, ou simplement *nombre premier*, un nombre qui n'est divisible par aucun autre.

Remarquons, toutefois, qu'un nombre quelconque est toujours divisible par lui-même et par l'unité.

Tout nombre qui n'est pas premier est un produit de plusieurs facteurs premiers.

Décomposer un nombre en facteurs premiers, c'est chercher tous les facteurs premiers qui, multipliés l'un par l'autre, reproduisent le nombre proposé.

On ne peut pas construire une table contenant tous les nombres premiers, car on démontre que la liste des nombres premier est illimité; mais on peut se proposer de trouver tous les nombres premiers compris entre certaines limites, par exemple entre 1 et 100. Voici comment on procèdera.

Après avoir écrit les nombres 1, 2 et 3, je remarque que tous les nombres pairs étant divisibles par 2 ne sont pas premiers ; il suffira donc d'écrire tous les nombres impairs depuis 3 jusque 99, 100 étant un nombre pair.

A partir de 3, je supprimerai tous les nombres de 3 en 3, et il ne restera aucun multiple de 3; 4 et ses multiples, étant des nombres pairs, ne se trouvent pas dans la table ; je supprimerai de la même manière les multiples de 5, de 7 et de 9.

La table des nombres premiers de 1 à 100 comprend vingt-six nombres que voici :

1	2	3	5	7	11	13	17	19
23	29	31	37	41	43	47	53	59
61	67	71	73	79	83	89	97	

Remarque. Dans la formation de cette table, lorsqu'on veut supprimer, par exemple, les multiples de 7, il suffit de commencer à supprimer au nombre 7×7 ou 49. En effet, les multiples de 7 inférieurs à 7×7 sont : 7 multiplié par 2, 3, 4, 5 et 6 ; or, les produits de 7 par 2, 4 ou 6 n'existent pas dans la table puisque ce sont des nombres pairs ; et les produits de 7 par 3 et 5 ont déjà été supprimés comme multiples de 3 ou de 5.

Problème. *Reconnaître si un nombre est premier.*

Les caractères connus de divisibilité permettront de reconnaître immédiatement si le nombre proposé est divisible par 2, 3, 5 ou 9. Alors on essaiera la division par les autres nombres premiers. Mais il ne sera pas nécessaire de pousser les calculs aussi loin qu'on pourrait le croire tout d'abord ; car *dès que la division conduira à un quotient inférieur au diviseur employé, on pourra en conclure que le nombre est premier absolu.*

Reconnaître si le nombre 223 *est premier.*

A l'inspection du nombre on voit qu'il n'est divisible par aucun des nombres premiers : 2, 3, 5 et 9.

Essayons la division par 7, 11, 13, 17, 19, etc.

$$
\begin{array}{r|l}
223 & 7 \\
13 & 31 \\
6 &
\end{array}
\qquad
\begin{array}{r|l}
223 & 11 \\
03 & 20 \\
\end{array}
$$

$$
\begin{array}{r|l}
223 & 13 \\
93 & 17 \\
2 &
\end{array}
\qquad
\begin{array}{r|l}
223 & 17 \\
53 & 13 \\
2 &
\end{array}
$$

Le quotient 13 étant inférieur au diviseur 17, il est inutile de prolonger les calculs plus loin. En effet, supposons que la division de 223 par 19 puisse se faire exactement : le quotient sera inférieur à 13 ; mais alors *ce quotient exact diviserait* 223, ce qui est impossible, puisque aucun nombre inférieur à 17 ne le divise.

PROBLÈME. *Décomposer un nombre en ses facteurs premiers.*

Tout nombre non premier est un produit de facteurs premiers Ainsi 36 est égal à 18×2 ou encore à $9 \times 2 \times 2$ ou enfin à $3 \times 3 \times 2 \times 2$.

Pour faire cette décomposition avec méthode, on procédera de la manière suivante :

On cherchera quels sont les nombres premiers qui divisent le nombre proposé, *en commençant par les plus petits* : 2, 3, 5, etc. Si le nombre est pair on le divisera par 2, puis le nouveau quotient par 2, et ainsi de suite, autant de fois que cela sera possible. Lorsque le quotient obtenu sera impair, on examinera si le nombre est divisible par 3, puis par 5, etc., etc., en agissant avec ces diviseurs comme avec le diviseur 2 ; et l'on obtiendra ainsi tous les facteurs premiers qui forment le nombre et le nombre de fois que chacun d'eux y entre. La décomposition sera terminée lorsqu'on arrivera à un quotient premier absolu.

Soit 273000, le nombre proposé.

On dispose ainsi les calculs :

273000	2
136500	2
68250	2
34125	3
11375	5
2275	5
455	5
91	7
13	13
1	

On a donc l'égalité :

$$273000 = 2 \times 9 \times 2 \times 3 \times 5 \times 5 \times 5 \times 7 \times 13$$

Ou pour abréger l'écriture :

$$273000 = 2^3 \times 3 \times 5^3 \times 7 \times 13.$$

Ce que l'on peut vérifier sur le tableau de décomposition, en multipliant entre eux tous les facteurs à partir des plus élevés : $13 \times 7 = 91$; $91 \times 5 = 455$; $455 \times 5 = 2275$, etc., on voit que lorsqu'on aura multiplié entre eux tous les facteurs premiers obtenus dans la décomposition, on obtiendra pour produit final le nombre proposé 273000.

Par l'habitude on parviendra à décomposer rapidement certains nombres en leurs facteurs premiers. Soit, par exemple, 600, le nombre proposé.

J'écris immédiatement :

$$600 = 6 \times 100$$
$$= 2 \times 3 \times 4 \times 25$$
$$= 2^3 \cdot \times 3 \times 5^2$$

En remarquant que 25 est le carré de 25, que 4 est composé de 2 fois le facteur 2, qui entre ainsi 3 fois dans la composition du nombre : il ne restait plus qu'à grouper les facteurs par ordre de grandeur.

Nous rappelons ici, mais présenté sous une autre forme, un théorême donné au chapitre de la division.

Théorème. *Etant donné un nombre décomposé en ses facteurs premiers, supprimer l'un de ces facteurs, c'est diviser par ce facteur.*

Soit 84 le nombre proposé. Décomposé en facteurs premiers il devient :

$$84 = 2 \times 2 \times 3 \times 7$$

Si l'on supprime le facteur 3, on divise le produit par 3 ; en effet $2 \times 2 \times 7$ est bien le quotient de 84 par 3, car si on multiplie $2 \times 2 \times 7$ par 3 on trouvera la première série de facteurs $2 \times 2 \times 7 \times 3$ ce qui est la même chose que $2 \times 2 \times 3 \times 7$. C. Q. F. D.

Théorème. *La décomposition d'un nombre en facteurs premiers n'est possible que d'une seule manière.*

Il suffit de démontrer que si deux séries de facteurs premiers sont égales à un même nombre, elles sont composées identiquement des mêmes facteurs, et de plus que ces facteurs entrent avec le même exposant dans l'un et l'autre produit.

1° Je dis que tout facteur qui entre dans le premier produit, entre aussi dans le second. Considérons le nombre 8190 et supposons qu'on ait pu le décomposer en deux séries non identiques de facteurs de la manière suivante ;

$$8190 = 2 \times 3^2 \times 5 \times 7 \times 13$$
$$8190 = 2^2 \times 3 \times 5 \times 11 \times 17$$

de telle sorte que le facteur 7, qui se trouve dans le premier produit, ne se trouve pas dans le second ; 7 faisant partie du premier produit divise 8190, donc il doit diviser le second produit $2^2 \times 3 \times 5 \times 11 \times 17$ qui est aussi égal à 8190. *Or, tous ces facteurs sont premiers : pour que le nombre premier 7 divise l'un d'eux, il faut que ce soit précisément* 7. Donc tout facteur premier qui entre dans la première série de facteurs, doit se trouver aussi dans la seconde.

2° Démontrons maintenant que ces facteurs doivent avoir le même exposant dans les deux produits.

Supposons, en effet, que le facteur 7 se trouve deux fois dans le premier produit, et une seulement dans le second. On pourra diviser les deux produits par 7, c'est-à-dire supprimer le facteur 7 une fois dans chacun d'eux sans qu'ils cessent d'être égaux ; mais alors le premier produit contiendrait encore le facteur 7 une fois, et le second ne le contiendrait plus, ce qui est impossible d'après la première partie du théorème. Donc les acteurs doivent être affectés des mêmes exposants ; c'est-à-dire que les deux séries doivent être identiques. C. Q. F. D.

CHAPITRE III.

Plus grand commun diviseur.

On appelle *diviseur commun* de plusieurs nombres, un nombre qui divise à la fois tous les nombres proposés.

Ainsi 3 divise à la fois 12, 15 et 27 : on dit que c'est un diviseur commun à ces trois nombres.

Deux ou plusieurs nombres peuvent avoir plusieurs diviseurs communs ; ainsi les nombres 24 et 36 ont pour diviseurs communs 2, 3, 4, 6 et 12.

Le plus grand de ces diviseurs s'appelle le *plus grand commun diviseur* de ces nombres ; on le désigne ainsi pour abréger : *p. g. c. d.*

Deux ou plusieurs nombres qui n'ont aucun diviseur commun sont dits : *premiers entre eux* ; ainsi 9 et 28 sont premiers entre eux. On voit que deux nombres non premiers peuvent être premiers entre eux.

Si deux nombres sont tels que chacun d'eux soit premier absolu, il est évident qu'ils seront premiers entre eux.

Problème. *Trouver le plus grand commun diviseur de deux nombres.*

Première méthode.

Soient 640 et 96, les nombres proposés,

Je remarque d'abord que tout diviseur commun à 640 et à 96 ne peut surpaser 96, car alors il ne diviserait pas 96. Mais si 96 divise 640, ce sera le p. g. c. d. cherché. Essayons donc la division :

$$\begin{array}{c|c} 640 & 96 \\ \hline 64 & 6 \end{array}$$

La division ne se faisant pas exactement, nous en concluons de suite que le p. g. c. d. est inférieur à 96.

Je vais démontrer maintenant que *tout diviseur commun à 640 et à 96, est aussi diviseur commun entre 96 et 64, qui est le reste de la division :*

J'exprime par l'égalité suivante que le dividende est égal au produit du diviseur par le quotient plus le reste :

$$640 = 96 \times 6 + 64$$

d'où l'on tire

$$640 - 96 \times 6 = 64$$

en effet le reste 64 d'une division est égal au dividende diminué du produit du diviseur par le quotient.

Considérons un diviseur commun à 640 et à 96. Divisant 96 il divisera aussi 96×6. Puisqu'il divise les deux nombres 640 et 96×6, *il divise aussi leur différence 64.* Donc tout diviseur commun de 640 et 96, et, en particulier, leur p. g. c. d. divise 64 ; il est donc diviseur commun de 96 et de 64.

Réciproquement tout diviseur de 96 et de 64 divise 640.

En effet il divise aussi 96×6.

Divisant les deux nombres 64 et 96×6 *il divise aussi leur somme 640.*

Ainsi donc les deux groupes

$$640 \text{ et } 96, \qquad 96 \text{ et } 64$$

ont le même p. g. c. d.

En appliquant aux nombres 96 et 64 le raisonnement qui a été fait sur 640 et 96, on est conduit à diviser 96 par 64.

$$\begin{array}{c|c} 96 & 64 \\ \hline 32 & 1 \end{array}$$

La division donnant pour reste 32, on en conclut que 64 n'est pas le p. g. c. d. cherché ; mais en raisonnant comme précédemment, on essaiera la division de 64 par 32. Elle se fait exactement ; donc 32 est le p. g. c. d. des groupes de nombres suivants :

$$32 \text{ et } 64, \qquad 64 \text{ et } 96, \qquad 96 \text{ et } 640.$$

Nous pouvons maintenant donner la règle générale.

Règle. *Pour trouver le p. g. c. d. entre deux nombres, on divise le plus grand par le plus petit; si la division se fait exactement le plus petit nombre est le p. g. c. d. demandé; si la division donne un reste, on divise le plus petit nombre par le reste, et successivement chaque diviseur par le reste qu'il a donné, jusqu'à ce qu'on obtienne 0 pour reste : le dernier diviseur employé est le p. g. c. d. cherché.*

Dans la pratique comme chaque diviseur devient dividende, on n'écrit pas le quotient au-dessous du diviseur mais au-dessus. Les calculs ont alors la disposition suivante :

	6	1	2
640	96	64	32
64	32	0	

Si les calculs conduisaient à un reste égal à l'unité, on en conclurait que les nombres proposés ont l'unité pour p. g. c. d. et par conséquent pour seul diviseur, c'est-à-dire qu'ils seraient premiers entre eux.

Deuxième méthode.

La décomposition des nombres en facteurs premiers donne le moyen de trouver d'une autre manière le p. g. c. d. de deux nombres.

Considérons les deux nombres 3150 et 4500; cherchons leur facteurs premiers.

3150	2		4500	2
1575	3		2250	2
525	3		1125	3
175	5		375	3
35	5		125	5
7	7		25	5
1			5	5
			1	

On a donc :

$$3150 = 2 \times 3^2 \times 5^2 \times 7$$
$$4500 = 2^2 \times 3^2 \times 5^3$$

Dans ces deux suites de facteurs, je prends les facteurs qui sont communs, chacun d'eux étant pris avec son plus petit exposant, j'en fais le produit, et j'obtiens le nombre

$$2 \times 3^2 \times 5^2 = 450$$

qui est le p. g. c. d. des deux nombres donnés.

En effet, *c'est un diviseur commun* aux deux nombres, car il ne contient pas d'autres facteurs que ceux qui entrent dans la composition de ces nombres ; de plus chaque facteur a le plus petit exposant possible ; le p. g. c. d. 450 contient, par exemple, 2 fois le facteur 5, il divisera le nombre 4500 qui le contient 3 fois.

C'est le plus grand diviseur commun possible ; car pour diviser les deux nombres donnés il ne peut se composer que des facteurs 2, 3 et 5 qui appartiennent à la fois aux deux nombres; chacun de ces facteurs a le plus grand exposant possible : car si on introduisait une fois de plus, par exemple, le facteur 5 le nombre ainsi formé diviserait bien 4500, mais il ne diviserait plus 3150 qui ne contient 5 qu'à la première puissance ; enfin, si on introduisait un nouveau facteur le produit qu'on obtiendrait ne diviserait ni l'un ni l'autre des deux nombres proposés.

Donc $2 \times 3^2 \times 5^2 = 450$ est bien le p. g. c. d. des nombres 3150 et 4500. C. Q. F. D.

Théorème. *Si on divise deux ou plusieurs nombres par leur plus grand commun diviseur, les quotients obtenus sont premiers entre eux.*

En effet, diviser les nombres donnés par leur p. g. c. d. revient à supprimer tous les facteurs qui leur sont communs. Or, cette suppression faite, les nouveaux nombres sont premiers entre eux, puisque n'ayant plus aucun facteur commun, il n'existe pas de nombres qui puisse les diviser tous à la fois C. Q. F. D.

Plus petit commun multiple.

On appelle *plus petit commun multiple* de plusieurs nombres le plus petit nombre divisible à la fois par tous ces nombres.

La recherche du plus petit commun multiple abrège singulièrement les calculs dans certains cas, et en particulier dans la réduction des fractions au même dénominateur. A ce point de vue, les élèves ne sauraient apporter une trop grande attention dans cette théorie.

Le point de départ est le théorème suivant :

THÉORÈME. *Pour qu'un nombre en divise un autre, il faut qu'il ne contienne que les mêmes facteurs premiers que lui, et que ces facteurs n'aient pas dans le diviseur un exposant supérieur à l'exposant des facteurs correspondants du dividende.*

Soit N un nombre quelconque.

Cherchons la condition pour qn'il soit divisible par 15750. Je décompose pour cela ce dernier nombre en ses facteurs premiers, et il devient :

$$15750 = 2 \times 3^2 \times 5^3 \times 7$$

On sait qu'au lieu de diviser par 15750 il revient au même de diviser par les facteurs premiers qui le composent; on devra donc diviser N successivement une fois par 2 ; 2 fois par 3, 3 fois par 5 et enfin par 7. Mais pour diviser un nombre N par 2, il suffit de supprimer dans ce nombre une fois le facteur 2; donc déjà N doit contenir les facteurs 2, 3, 5 et 7 qui forment le diviseur.

De plus, il doit les contenir avec un exposant au moins égal à celui qu'ils ont dans le diviseur. En effet, dans notre exemple, si N ne contenait le facteur 5 que 2 fois, lorsqu'on aurait supprimé 2 fois ce facteur, il ne le renfermerait plus, alors que l'on devrait une troisième fois le diviser par 5, puisque ce facteur entre encore dans le diviseur. C. Q. F. D.

Problème. *Trouver le plus petit commun multiple des deux nombres* 2100 *et* 2970

Je décompose en facteurs premiers les nombres proposés :

$$2100 = 2^2 \times 3 \times 5^2 \times 7$$
$$2970 = 2 \times 3^3 \times 5 \times 11$$

Tout nombre divisible par 2100 doit contenir les facteurs 2, 3, 5 et 7.

Tout nombre divisible par 2970 doit contenir les facteurs 2, 3, 5 et 11.

Donc déjà tout multiple commun à 2100 et 2970 doit renfermer les facteurs 2, 3 et 5 communs à ces deux nombres et les facteurs non communs 7 et 11.

Quant aux exposants des facteurs communs pour que le nombre cherché soit divisible par 2100 il faut qu'il contienne au moins 2 fois le facteur 2 ; alors, *a fortiori*, il sera divisible par 2970 qui ne le renferme qu'une fois ; il en est de même du facteur 5. Pour que le nombre cherché soit divisible par 2970, il faut qu'il contienne le facteur 3 au moins 3 fois ; alors *a fortiori*, il sera divisible par 2100.

Les facteurs non communs entrent avec leurs exposants.

Le nombre : $2^2 \times 3^3 \times 5^2 \times 7 \times 11 = 207900$
ainsi obtenu est évidemment divisible par les nombres proposés. Je dis que *c'est le plus petit nombre possible qui jouisse de cette propriété*. En effet, si l'on supprimait seulement une fois l'un des facteurs, 3 par exemple, le nombre obtenu contenant encore le facteur 3^2 serait divisible par 2100. mais il ne le serait pas par 2970 dans lequel le facteur 3 entre 3 fois.

On peut maintenant énoncer la règle suivante :

Règle. *Pour trouver le plus petit commun multiple de plusieurs nombres, on les décompose en facteurs premiers, on prend les facteurs non communs avec leurs exposants, et les facteurs communs avec leur plus grand exposant : le produit de ces facteurs est le plus petit commun multiple demandé.*

Nous avons donné cette règle comme s'appliquant à plus de deux nombres. En effet on peut faire sur trois, sur quatre nombres les raisonnements que nous avons faits sur deux. Donnons un exemple.

Soient 378, 14300, 5445 les nombres proposés.

Décomposés en facteurs premiers ils deviennent :

$$378 = 2 \times 3^3 \times 7$$
$$14300 = 2^2 \times 5^2 \times 11 \times 13$$
$$5445 = 3^2 \times 5 \times 11^2$$

Je prends tous les facteurs communs, chacun d'eux avec son plus fort exposant, et les facteurs non communs avec leurs exposants ; le produit de ces facteurs est le plus petit nombre divisible à la fois par les trois nombres proposés ; c'est leur plus petit multiple commun :

$$2^2 \times 3^3 \times 5^2 \times 7 \times 11^2 \times 13 = 29729700$$

Si les nombres proposés sont premiers entre eux, ou premiers deux à deux, il n'y aura aucun facteur commun à tous ces nombres ; en appliquant la règle, on sera conduit à faire le produit de tous les facteurs composants, ce qui ne sera autre chose que le produit des nombres donnés.

LIVRE IV.

FRACTIONS

CHAPITRE PREMIER
Fractions ordinaires

FRACTIONS, NOMBRES FRACTIONNAIRES

On nomme *grandeur* tout ce qui peut être augmenté ou diminué.

Mesurer une grandeur c'est la comparer à une autre grandeur prise pour terme de comparaison : Cette grandeur arbitraire est ce qu'on appelle *unité de grandeur.*

Certaines grandeurs contiennent nécessairement un nombre exact de fois l'unité à laquelle on les rapporte. Ainsi, si l'on veut mesurer ou compter le nombre d'hommes qui composent une compagnie de soldats, il est clair qu'on obtiendra un nombre exact de fois un homme; de telles grandeurs sont dites *discontinues ;* supposons maintenant que l'on veuille mesurer la longueur d'un ruban; ici l'unité n'est pas nécessairement déterminée comme dans le cas précédent, elle est *arbitraire,* supposons que nous prenions le décimètre pour unité. Mesurer ce ruban c'est chercher combien de fois un décimètre est contenu dans ce ruban. Il pourra arriver que la longueur de ce ruban ne contienne pas un nombre exact de fois un décimètre elle le contiendra un certain nombre de fois plus une quantité moindre qu'un décimètre.

Supposons que l'on divise l'unité avec laquelle on mesure, par exemple, en cinq parties égales, et que la quantité qui nous reste contienne exactement trois de ces parties; nous aurons ce que l'on appelle une fraction de l'unité choisie.

Ainsi donc on appelle *fraction* une ou plusieurs parties de l'unité avec laquelle on mesure, divisée en un nombre quelconque de parties égales. C'est encore ce qu'on appelle une fraction proprement dite.

Un nombre fractionnaire est un nombre composé d'un nombre entier et d'une fraction.

D'après cela on voit que pour former une fraction il faudra deux nombres indiquant: l'un en combien de parties l'unité a été divisée, l'autre combien l'on prend de ces parties; le premier s'appelle *dénominateur* (qui désigne), le second *numérateur* (qui compte). Le numérateur et le dénominateur d'une fraction sont appelés termes de cette fraction.

On écrit une fraction en écrivant le dénominateur sous le numérateur et en les séparant par un trait horizontal.

Ainsi la fraction trois cinquièmes s'écrira :

$$\frac{3}{5}$$

Dans la pratique on peut encore les écrire à côté l'un de l'autre en les séparant par un trait oblique. Ainsi la fraction précédente peut encore s'écrire de cette manière :

$$3/5$$

Pour lire une fraction on énonce d'abord son numérateur et ensuite son dénominateur que l'on fait suivre de la terminaison *ième*. Il n'y a exception que pour les fractions qui ont pour dénominateur 2 3 ou 4 et qu'on lit :

une demie	*un tiers*	*un quart*
$\dfrac{1}{2}$	$\dfrac{1}{3}$	$\dfrac{1}{4}$

L'unité ayant été divisée par exemple en sept parties égales, si l'on prend sept de ces pa ties il est clair qu'on aura l'unité entière; la fraction obtenue ainsi est 7/7 ; ainsi donc une fraction est égale à l'unité lorsque ses deux termes sont égaux.

On voit de même que si le numérateur est plus grand que le dénominateur la fraction est plus grande que l'unité. On peut se proposer dans ce cas de chercher le nombre des autres entiers contenus dans la fraction.

PROBLÈME.

Extraire les entiers contenus dans une fraction plus grande que l'unité.

Soit la fraction 25/7. L'unité se composant de 7 septièmes, la fraction proposée contiendra autant d'unités qu'elle renferme de fois 7 septièmes, il suffira donc de chercher combien de fois 7 est contenu dans 25. On trouve ainsi que dans 25/7 il y a 3 fois 7 septièmes c'est-à-dire 3 unités et il reste une fraction proprement dite 4/7.

On voit qu'une fraction dont le numérateur est plus grand que le dénominateur est un véritable nombre fractionnaire.

PROBLÈME

Convertir un nombre fractionnaire en fraction simple.

Soit à convertir en fraction simple le nombre fractionnaire 3 5/9. La question qui est l'inverse de la précédente consiste à trouver une fraction dont la valeur soit égale an nombre fractionnaire donné et qui ait pour dénominateur 9. Chaque entier contenant 9 neuvièmes, 3 entiers contiendront 3 fois 9 neuvièmes ou 27 neuvièmes, il faut ajouter à ces 27 neuvièmes les 5 neuvièmes qui entrent dans le nombre fractionnaire ce qui donne en tout 32 neuvièmes ou 32/9. On a ainsi cette règle : On multiplie le nombre entier par le dénominateur et on ajoute au produit le numérateur de la fraction ; on a ainsi le numérateur de la fraction que l'on cherche.

On peut de deux manières rendre une fraction plus grande ou plus petite.

1° En agissant sur le numérateur Ex. *Rendre trois fois plus petite la fraction* 12/17. Cette fraction représente 12 fois une certaine partie de l'unité : nous aurons une fraction 3 fois moins forte en prenant 3 fois moins de ces mêmes parties d'unité. Le nombre 3 fois plus petit que 12 c'est 4 : donc la fraction 4/17 est 3 fois plus petite que la fraction proposée. Ainsi pour rendre une fraction 2 fois, 3 fois, 4 fois, etc., plus petite, il suffira de diviser son numérateur par 2, 3 ou 4. De même pour rendre une fraction 2 fois, 3 fois, 4 fois, etc., plus grande, il suffit de multiplier le numérateur par 2, 3 ou 4, etc. Ainsi pour rendre 3 fois plus grande la fraction 12/17, il suffit de multiplier son numérateur par 3 ce qui donne 36/17. Les parties de l'unité sont les mêmes, on a pris un nombre 3 fois plus considérable : donc la fraction a été rendue 3 fois plus grande.

2° On peut résoudre les mêmes questions en agissant sur le dénominateur de la fraction.

Exemple : Soit à rendre 3 fois plus petite la fraction 5/12. Il suffit pour cela de multiplier le dénominateur par 3 ce qui donne 5/36. Cette fraction indique que l'unité a été divisée en 36 parties égales, c'est-à-dire en parties 3 fois plus petites que dans le cas précédent ; on a toujours le même nombre 5 de ces parties, elles sont trois fois plus petites, donc la valeur de la fraction est 3 fois moindre.

Supposons maintenant qu'il s'agisse de rendre cette fraction 3 fois plus grande ; il suffira de diviser le dénominateur par 3 ce qui donnera 5/4. En effet, les parties d'unité qui étaient des douzièmes, sont devenues 3 fois plus grandes, on a toujours le même nombre de ces parties, donc la fraction est devenue 3 fois plus grande.

Remarque : La division du numérateur ou du dénominateur n'est pas toujours possible ; la multiplication n'offre pas cet inconvénient. On pourra toujours rendre une fraction 2 fois, 3 fois, etc., plus grande, en multipliant le numérateur par 2, par 3 ; etc.; 2 fois, 3 fois, etc., plus petite, en multipliant le dénominateur par 2, par 3, etc.

THÉORÈME.

Une fraction ne change pas de valeur lorsqu'on multiplie ou l'on divise ses deux termes par un même nombre.

Soit la fraction 2/3, je multiplie ses deux termes par 4 et j'obtiens une nouvelle fraction 8/12 qui est égale à la précédente. En effet, en multipliant le numérateur par 4 j'ai rendu la fraction 4 fois plus grande, mais en multipliant le dénominateur par 4, je l'ai rendue 4 fois plus petite, donc les deux opérations se détruisent et la fraction n'a pas changé de valeur.

Le raisonnement serait identique pour le cas de la division.

Simplification des fractions.

Plus une fraction est simple plus l'esprit saisit la grandeur qu'elle représente ; on a donc intérêt à exprimer une fraction donnée par les nombres les plus petits possible.

Simplifier une fraction c'est trouver une autre fraction qui ait la même valeur, mais dont les termes soient plus petits.

Exemple : Soit à simplifier la fraction 720/1620. Je puis diviser les deux termes de cette fraction d'abord par 10 ce qui donne 72/162, puis successivement par 9 et par 2 ce qui donne 8/18 et enfin 4/9.

La fraction obtenue ainsi est bien égale à la fraction proposée puisqu'on l'a obtenue en divisant les deux termes de la fraction donnée par un même nombre.

La simplification s'arrête lorsque les deux termes ne sont plus divisibles par un même nombre, c'est-à-dire lorsqu'ils sont premiers entre eux.

Cette remarque donne un moyen de reconnaître si une fraction peut être simplifiée. Il suffit de chercher si ses deux termes ont un diviseur commun.

Pour cela on cherchera par la méthode connue le plus grand commun diviseur aux deux termes de la fraction, et déjà cette opération fera connaître si la fraction peut être simplifiée. Le plus grand commun diviseur étant trouvé, on divisera les deux termes de la fraction par ce nombre, et l'on sait que les quotients obtenus sont premiers entre eux. de sorte que la fraction se trouve par cette seule division, réduite à sa plus simple expression, c'est-à-dire exprimée avec les nombres les plus petits possible.

Une fraction dont les termes sont premiers entre eux est dite fraction irréductible.

Remarque : Nous avons dit qu'une fraction est irréductible ou réduite à sa plus simple expression quand ses deux termes sont premiers entre eux.

THÉORÈME

Une fraction exprime le quotient de son numérateur par son dénominateur.

Ainsi la fraction 3/4 égale la cinquième partie de trois unités.

Je décompose les 3 unités chacune en 5 cinquièmes de la manière suivante.

$$\frac{1}{5} \quad \frac{1}{5} \quad \frac{1}{5} \quad \frac{1}{5} \quad \frac{1}{5}$$

$$\frac{1}{5} \quad \frac{1}{5} \quad \frac{1}{5} \quad \frac{1}{5} \quad \frac{1}{5}$$

$$\frac{1}{5} \quad \frac{1}{5} \quad \frac{1}{5} \quad \frac{1}{5} \quad \frac{1}{5}$$

Le tableau vaut 3 unités, pour le diviser par 5 on en prendra le cinquième ; il suffit de prendre une de ces colonnes verticales or celle-ci vaut 3/5 ; donc en divisant 3 par 5 on obtiendra 3/5, C. Q. F. D.

Réduction des fractions au même dénominateur.

On compare aisément plusieurs fractions qui ont même dénominateur : les plus grandes seront évidemment celles qui auront le plus grand numérateur.

Convertir plusieurs fractions au même dénominateur, c'est

trouver d'autres fractions qui leur soient respectivement égales et qui aient toutes le même dénominateur.

Nous distinguerons deux cas, suivant que l'opération porte sur deux ou plus de deux fractions.

Dans les deux cas, et avant d'appliquer la règle que nous allons donner, il faudra toujours avoir soin de simplifier les fractions proposées, afin d'abréger les calculs.

1° Règle.—*Pour réduire deux fractions au même dénominateur on multiplie les deux termes de la première par le dénominateur de la seconde et les deux termes de la seconde par le dénominateur de la première.*

Exemple : Soit les deux fractions 4/7 2/3 : en appliquant la règle on obtiendra deux nouvelles fractions 12/21 14/21 qui ont même dénominateur et qui sont respectivement égales aux fractions proposées. En effet 12/21 est obtenu en multipliant par 3 les deux termes de la fraction 4/7 ; de même 14/21 en multipliant par 7 les deux termes de la fraction 2/3.

2° Règle.—*Pour réduire plusieurs fractions au même dénominateur, on multiplie les deux termes de chaque fraction par le produit effectué des dénominateurs des autres fractions.*

Soient les fractions.

$$\frac{3}{4} \quad \frac{1}{2} \quad \frac{2}{3}$$

En appliquant la règle on obtient les trois fractions.

$$\frac{18}{24} \quad \frac{12}{24} \quad \frac{16}{24}$$

qui sont respectivement égales aux fractions proposées, et qui ont même dénominateur.

Remarque : On peut prendre pour dénominateur commun le plus petit commun multiple des dénominateurs.

Soient les fractions

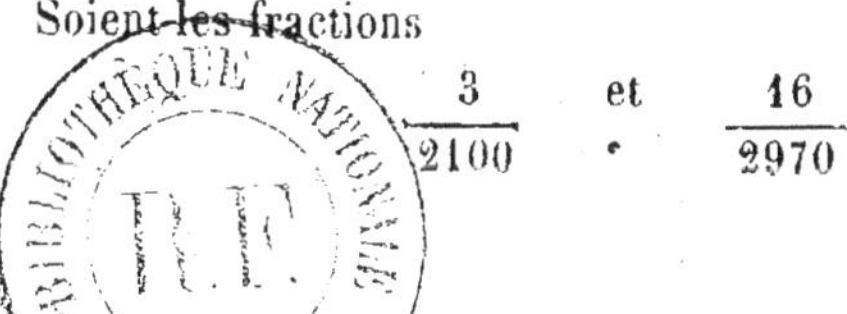

$$\frac{3}{2100} \quad et \quad \frac{16}{2970}$$

on a vu que par la décomposition en nombres premiers, on a :

$$2100 = 2^2 \times 3 \times 5^2 \times 7$$
$$2970 = 2 \times 3^3 \times 5 \times 11$$

On peut donc écrire les fractions sous la forme.

$$\frac{3}{2^2 \times 3 \times 5^2 \times 7} \quad \text{et} \quad \frac{16}{2 \times 3^3 \times 5 \times 11}$$

le dénominateur commun sera le plus petit commun multiple c'est-à-dire, comme on l'a vu :

$$2^2 \times 3^3 \times 5^2 \times 7 \times 11$$

le dénominateur de la première fraction sera donc multiplié par $3^2 \times 11$, et il faudra multiplier le numérateur par le même nombre ce qui donne $3 \times 3^2 \times 11$; la première fraction devient donc

$$\frac{3 \times 3^2 \times 11}{2^2 \times 3^3 \times 5^2 \times 7 \times 11} \quad \frac{891}{207,900}$$

de même le dénominateur de la seconde fraction sera multiplié par $2 \times 5 \times 7$, et il faudra multiplier le numérateur par le même nombre et qui donne $16 \times 2 \times 5 \times 7$; la seconde fraction devient donc

$$\frac{16 \times 2 \times 5 \times 7}{2^2 \times 3^3 \times 5^2 \times 7 \times 11} \quad \frac{1120}{207,900}$$

Le raisonnement serait identique pour un nombre quelconque de fractions, on en conclut :

Règle. — *Pour réduire deux fractions au même dénominateur, on commence par décomposer les dénominateurs en leurs facteurs premiers; le plus petit commun multiple sera le dénominateur commun; pour avoir le nouveau numérateur de l'une des fractions on multipliera son ancien numérateur par le dénominateur commun (plus petit commun multiple) dans lequel on aura supprimé les facteurs que contient l'ancien dénominateur de cette fraction.*

On n'oubliera pas la remarque faite au commencement que la première chose à faire est de simplifier les fractions.

CHAPITRE II

Opérations sur les fractions ordinaires

Addition.

L'addition consiste, comme nous l'avons déjà dit, à réunir entre elles des unités de même nature. Cette définition s'applique aux fractions.

Dans le cas où les fractions qu'il s'agit d'additionner représenteront les mêmes parties d'unités, c'est-à-dire lorsqu'elles auront même dénominateur, il suffira de faire la somme des numérateurs.

En effet la somme $2/7 + 3/7$ est évidemment égal à $5/7$.

Si les fractions n'ont pas même dénominateur il faudra d'abord les réduire au même dénominateur, et on sera ramené au cas précédent.

Exemple: Soit à additionner les fractions

$$2/3, \ 1/2, \ 1/5$$

Réduites au même dénominateur, ces fractions deviennent :

$$20/30, \ 15/30, \ 6/30$$

et d'après la règle précédente, la somme de ces fractions est $41/30$.

Remarque. — Il faudra toujours avoir soin d'extraire les entiers contenus dans la somme trouvée.

Ainsi la somme des fractions précédentes est $1 \ 11/30$.

Si l'on a à additionner des nombres fractionnaires, on fera d'abord la somme des fractions, on extraira les entiers contenus dans cette somme, et on les ajoutera aux entiers des nombres fractionnaires proposés.

Exemple : Soit à additionner les fractions :

$$2 \ 2/3, \ 5 \ 1/2, \ 1/5$$

La somme des fractions simples est 1 11/30 ; celle des entiers ajoutée aux entiers du nombre fractionnaire donnera 8, de sorte que la somme cherchée est 8 11/30.

Remarque. — On devra toujours, autant que possible, simplifier les fractions avant d'opérer et, si quelques fractions contiennent des entiers, il sera avantageux de les extraire afin d'abréger les calculs.

Soustraction.

Il y a trois cas identiques à ceux de l'addition.

Lorsque les fractions sont réduites au même dénominateur on fait la différence des numérateurs et on donne à cette différence pour dénominateur le dénominateur commun.

Exemple : Soustraire,

$$3/9 \quad \text{de} \quad 7/9$$

En appliquant la règle on trouve pour la différence 4/9.

Si les fractions n'ont pas même dénominateur, il faudra les réduire au même dénominateur et l'on sera ramené au cas précédent.

Lorsqu'on a à faire la différence de deux nombres fractionnaires on fera séparément la différence des entiers et des fractions.

Exemple : Soit à soustraire 2 3/4 de 5 5/6.

En réduisant les fractions au même dénominateur on a 2 9/12 5 10/12, et en appliquant la règle on trouve pour différence 3 1/12

Il arrivera souvent que la fraction du nombre à soustraire sera plus grande que la fraction du premier nombre fractionnaire.

Soit par exemple à soustraire 2 3/4 de 5 1/3.

En réduisant les fractions au même dénominateur, on a 2 9/12 à soustraire de 5 4/12 ; on procédera alors de la manière suivante :

On prend une unité au nombre 5, on la réduit en douzièmes

et on l'ajoute à la fraction qui accompagne ce nombre; et on aura à soustraire 2 9/12 de 4 16/12. On est ainsi ramené au cas précédent et on obtient pour la différence cherchée 2 7/12.

Dans le cas où l'on aurait à soustraire une fraction d'un nombre entier on réduira une unité en fraction et l'on sera ramené à l'un des cas précédents.

Exemple: Soustraire 3/4 de 6 entiers. — La question revient à soustraire 3/4 de 5 4/4.

Multiplication.

Nous avons déjà traité un cas de la multiplication des fractions, celui où l'un des facteurs est un nombre entier, en rendant une fraction un certain nombre de fois plus grande.

Ainsi, multiplier la fraction 2/7 par 5 c'est évidemment la rendre 5 fois plus grande, et nous savons que dans ce cas il suffit de multiplier le numérateur par 5 ce qui donne 10/7.

Règle. — *Pour multiplier entre elles deux ou plusieurs fractions, il faut multiplier entre eux les dénominateurs et les numérateurs.*

Exemple : Soit à multiplier 3/4 par 2/7.

En appliquant la règle on obtient pour produit 6/28.

En effet si on avait à multiplier la fraction 3/4 par 2, en multipliant le numérateur par 2, on obtiendrait le produit 6/4.

Mais ce n'est pas par 2 que nous devons multiplier, c'est par la septième partie de 2 dont le produit 6/4 est 7 fois trop grand.

Pour le rendre 7 fois plus petit, il suffira de multiplier le dénominateur par 7, ce qui donne pour résultat 6/28, ce qui nous conduit a la règle donnée plus haut. Si on a à multiplier entre eux des nombres fractionnaires on devra les convertir en fractions simples.

On voit que multiplier un nombre par une fraction c'est prendre une certaine partie de ce nombre; ainsi, multiplier par 1/5, c'est prendre la cinquième partie du nombre que l'on multiplie. Ainsi lorsque la fraction multiplicateur est plus petite que l'unité, le produit sera plus petit que le multiplicande.

Une suite de deux fractions qui doivent être multipliées l'une par l'autre s'appelle fraction de fraction. Cette définition s'explique d'après la remarque précédente.

Division.

Le cas de la division d'une fraction par un nombre entier a été traité, quand on a rendu une fraction un certain nombre de fois plus petit.

Régle. — *Pour diviser deux fractions l'une par l'autre, on multiplie la fraction à diviser par la fraction diviseur renversée.*

Soit à diviser 2/5 par 3/4.

En appliquant la règle on aura à multiplier 2/5 par 4/3, ce qui donne pour résultat 8/15.

DÉMONSTRATION.

Le diviseur étant 3/4, le quotient cherché multiplié par 3/4 doit reproduire 2/5.

Or, multiplier un nombre par 3/4, c'est en prendre les 3/4, dont les 3/4 du quotient valent 2/5, un quart vaudra 2/5, divisé par 3 ou $2/5 \times 3$ et les 4/4 ou le quotient tout entier égaleront $2/5 \times 4 \times 3$ ou encore $2/5 \times 4/3$ ce qui donne la règle.

Pour diviser entre eux deux nombres fractionnaires, on aura soin tout d'abord de les convertir en fractions simples, et on n'oubliera point d'extraire les entiers du résultat.

Soit à diviser 10 2/3 par 3 2/5. En réduisant en fractions simples on aura 32/5 et 17/5, en appliquant la règle de la division le quotient sera $32/3 \times 5/17$ ce qui donne 160/51, et en extrayant les entiers 3 7/51.

CHAPITRE III

Conversion des fractions.

On appelle *fraction décimale* une fraction qui a pour dénominateur 10 ou une puissance de 10, comme 100, 1,000, etc.

Exemple : 25/100, 35/1000.

Un nombre décimal peut s'écrire sous forme de fraction décimale; ainsi le nombre décimal 0,0364, qui vaut 364 dix-millionèmes, peut évidemment s'écrire 364/10000. Cette conversion n'a qu'une importance secondaire. Au contraire le calcul des nombres décimaux pouvant, comme on sait, se ramener facilement au calcul des nombres entiers, et les opérations sur les fractions simples étant en général assez pénibles, il peut être très utile de convertir ces fractions simples en fractions décimales.

Une fraction étant égale au quotient de son numérateur par son dénominateur, il suffira d'opérer la division du premier par le second.

Soit, par exemple, la fraction 3/8.

$$\begin{array}{r|l} 3.0\ 0 & 8 \\ \hline 60 & 0,375 \\ 40 & \\ 0 & \end{array}$$

La division poussée jusqu'aux millièmes donne comme on le voit pour quotient exact 0,375.

Si la division ne se fait pas exactement, on pourra obtenir le quotient avec une approximation aussi grande que l'on voudra.

Cas de possibilité.

Supposons que le dénominateur d'une fraction supposée irréductible ne contienne que les facteurs 2 et 5. Si le numérateur qu'on doit diviser par le dénominateur, ne contient pas ces facteurs un nombre suffisant de fois, comme on le multiplie par une certaine puissance de 10, on introduira au dividende ces facteurs un nombre de fois aussi grand que l'on voudra, de sorte que ce dividende terminé par des zéros sera toujours divisible exactement par le diviseur, et par conséquent la fraction pourra toujours être convertie en fraction décimale.

La conversion des fractions ordinaires en fractions décimales offre dans certains cas des particularités remarquables.

Soit par exemple à convertir en fraction décimale la fraction 2/7.

$$
\begin{array}{r|l}
2.000.. & 7 \\
\hline
60 & 0,285714.... \\
40 & \\
50 & \\
10 & \\
30 & \\
20 &
\end{array}
$$

Le reste devant toujours être inférieur au diviseur 7, on ne peut avoir que six restes différents, il arrivera donc un moment où on aura pour reste 2 et alors les chiffres du quotient se répeteront dans le même ordre que précédemment, de sorte que si l'on voulait prolonger la division, le quotient se composerait d'un nombre indéfini de séries formées des 6 chiffres 285714. Ces 6 chiffres forment ce qu'on appelle une période, et un quotient de telle sorte est dit quotient périodique ou fraction décimale périodique.

Dans l'exemple précédent la période a le plus grand nombre possible de chiffres, ce nombre est beaucoup plus petit dans certains cas. Ainsi la fraction 8/11 donne naissance à la fraction décimale périodique 0,7272....; on voit que le nombre des chiffres de la période aurait pu être égal à 10. La fraction 1/9 donne naissance à la fraction décimale périodique 0,111... dans laquelle la période n'a qu'un seul chiffre ; il en est de même de la fraction 2/3 qui donne la fraction décimale 0,666. Dans les exemples précédents la période commence aussitôt la virgule : la fraction décimale est alors fraction périodique simple.

Proposons-nous de convertir en fraction décimale la fraction simple 57/88.

$$
\begin{array}{r|l}
57.0.. & 88 \\
\ 420 & 0,6477272..... \\
680 & \\
640 & \\
240 & \\
640 & \\
240 &
\end{array}
$$

On voit que cette fraction donne naissance à une fraction décimale périodique dont la période est 72. Lorsque, comme dans ce cas la période ne commence pas aussitôt la virgule, on a une fraction décimale périodique mixte.

Problème.

Etant donnée une fraction décimale périodique simple, trouver la fraction ordinaire génératrice.

Soit 0,232323.... une fraction périodique simple, appelons F la valeur de la fraction simple qui lui a donné naissance, de sorte qu'on ait :

$$F = 0,232323....$$

Je multiplie les deux membres de cette égalité par une puissance de 10 égale au nombre des chiffres de la période; ici c'est par $10^2 = 100$ que nous multiplions, on obtient ainsi :

$$100\ F = 23,2323....$$

Je mets en regard les deux égalités

$$100\ F = 23,2323\ldots$$
$$F = 0,232323\ldots$$

En les retranchant l'un de l'autre, j'ai

$$99\ F = 23 - 0,000023.$$

On voit qu'en formant un nombre de périodes suffisamment grand, la fraction complémentaire que nous devons retrancher sera aussi petite que nous voudrons, de sorte qu'on a, avec une pproximation aussi grande que l'on veut, c'est-à-dire exactement, $99\ F = 23$

d'où $F = 23/99$

Ainsi une fraction décimale périodique simple est égale à une fraction simple ayant pour numérateur la période et pour dénominateur un nombre composé d'autant de 9 qu'il y a de chiffres dans la période.

Etant donnée une fraction décimale périodique mixte trouver la fraction ordinaire génératrice.

Soit 0,3452323 23.... la fraction décimale donnée. Je transporte successivement la virgule avant et après la première période, je multiplie ainsi la fraction par 1,000 et par 100,000, de sorte qu'en appelant F la valeur de la fraction périodique on aurait $100,000\ F = 34523,2323$

$$1,000\ F = 345,232323$$

$$99,000\ F = (34523 - 345) - 0,000023$$

En faisant la soustraction on obtient une fraction complémentaire qu'il faut retrancher, mais en prenant un nombre de périodes suffisamment grand, cette fraction pourra être rendue aussi petite que l'on voudra, de sorte qu'on aura, avec une

approximation aussi grande que l'on voudra, c'est-à-dire
exactement : $99,000 \ F = 34523 - 345$

$$F = \frac{34523 - 345}{99000}$$

Ainsi une fraction décimale périodique mixte est égale à une
fraction ordinaire qui a pour numérateur un nombre formé de la
partie non périodique et d'une période, diminué de la partie
non périodique et pour dénominateur un nombre composé d'autant de 9 qu'il y a de chiffres dans la période suivis d'autant de
zéros qu'il y a de chiffres dans la partie non périodique.

LIVRE V

RAPPORTS ET PROPORTIONS

———

On appelle *rapport* de deux grandeurs le nombre qui exprime combien de fois la première contient la seconde.

Un rapport sera entier ou fractionnaire, selon que la première quantité sera ou ne sera pas un multiple de la seconde.

Un rapport sera plus grand ou plus petit que l'unité selon que la première grandeur sera plus grande ou plus petite que la seconde.

Par exemple, si une quantité est 3 fois plus grande qu'une autre, le rapport de ces grandeurs est 3 : il est entier, plus grand que l'unité ; si la quantité est égale à trois fois la cinquième partie d'un autre, leur rapport est 3/5 : il est fractionnaire plus petit que l'unité.

Lorsque deux grandeurs ont été mesurées avec la même unité, leur rapport est égal au quotient des deux nombres qui les mesurent. Considérons les nombres qui représentent deux longueurs données ; divisons le premier nombre par le second, et supposons que le quotient soit exactement 3 ; le produit du diviseur par le quotient doit donner le dividende, c'est-à-dire que 3 fois le diviseur reproduit le dividende, ou que le dividende contient 3 fois le diviseur ; donc, par définition, le quotient 3 des nombres proposés n'est autre chose que leur rapport ou celui des grandeurs qu'ils mesurent.

Si le quotient obtenu était égal à une fraction, comme 3/5, le produit du diviseur par la fraction 3/5 devrait reproduire le dividende ; or, multiplier un nombre par 3/5, c'est en prendre les 3/5, d'où il suit que les 3/5 du diviseur valent le dividende ou autrement que le dividende vaut les 3/5 du diviseur ; donc, par définition, le quotient 3/5 est le rapport cherché.

Ajoutons que deux rapports sont dits inverses quand l'un d'eux a pour numérateur le dénominateur de l'autre, et pour dénominateur le numérateur de cet autre. Si l'un d'eux est entier, on peut dire qu'il a l'unité pour dénominateur ; le rapport 1/5 est l'invers du rapport 5.

PROPORTIONS.

On appelle *proportion* l'égalité de deux rapports ; voici une proportion : 5/7 = 20/28 ; des quatre termes qui composent la proportion,

5 et 28 sont dites les extrêmes,
7 et 20 » » les moyennes.

On appelle quatrième proportionnelle à 3 grandeurs, une grandeur dont la mesure forme le quatrième terme d'une proportion dont les 3 premiers termes sont formés par les 3 autres grandeurs ; ainsi, 28 est quatrième proportionnelle à 5, 7, 20.

Une grandeur est troisième proportionnelle à deux autres quand elle forme le quatrième terme d'une proportion qui a pour premier terme l'une de ces grandeurs, et pour moyens (égaux) l'autre de ces grandeurs.

Une grandeur est moyenne proportionnelle à deux autres quand elle forme les deux moyens (égaux) d'une proportion qui a ces deux autres grandeurs pour extrême.

Ainsi, dans la proportion

$$3/9 = 9/27$$

27 est troisième proportionnelle à 3 et 9 ; 9 est moyenne proportionnelle à 3 et 27.

Dans une proportion le produit des extrêmes est égal au produit des moyens.

Soit la proportion

$$5/7 = 20/28$$

Je puis multiplier les deux termes de la première fraction par 28, sans en changer la valeur ; de même les deux termes de la seconde fraction par 7 ; ces nouvelles fractions,

$$\frac{5 \times 28}{7 \times 28} \text{ et } \frac{20 \times 7}{28 \times 7}$$

étant égales aux anciennes, l'égalité qui existait entre celles-ci se maintient pour celles-là, et on a

$$\frac{5 \times 28}{7 \times 28} = \frac{20 \times 7}{28 \times 7}$$

Les deux dénominateurs sont égaux à 196, et on peut dire que 5×28 196mes valent 20×7 196mes ce qui exige que l'on ait

$$5 \times 28 = 20 \times 7$$

En particulier, si les deux moyens sont égaux

$$3/9 = 9/27$$

le théorème donne $3 \times 27 = 9^2$; c-a-d. que le carré de la moyenne proportionnelle 9 est égal au produit des deux autres termes.

Conséquence : On vient de voir que la proportion

$$5/7 = 20/28$$

entraîne l'égalité,

$$5 \times 28 = 7 \times 20$$

si on divise les deux membres de l'égalité par 5, elle subsiste évidemment, et cela donne

$$28 = 7 \times \frac{20}{5}$$

d'où on voit qu'un quatrième proportionnelle à trois quantités 5, 7, 20, est égale au produit des deux dernières (moyen de la proportion) par la première.

De même la proportion

$$3/9 = 9/27$$

entraîne l'égalité

$$3 \times 27 = 9^2$$

divisent les deux membres par 3, on a

$$27 = \frac{9^2}{3}$$

c'est-à-dire qu'une troisième proportionnelle à deux quantités 3 et 9 s'obtient en faisant le carré de la seconde, et divisant ce carré par la première.

Dans une proportion on peut toujours changer l'ordre des moyens ou des extrêmes; on voit en effet que le produit des moyens demeure égal au produit des extrêmes. Mais on n'a jamais le droit de mettre un moyen à la place d'un extrême ou cet extrême à la place de ce moyen. Il en résulte qu'une même proportion peut s'écrire de quatre manières différentes ainsi la proportion

$$(1) \quad 5/7 = 20/28$$

Donne les 3 autres

$$(2) \quad 28/7 = 20/5$$
$$(3) \quad 5/20 = 7/28$$
$$(4) \quad 28/20 = 7/5$$

on peut remarquer que les proportions (1) et (4) d'une part, (2) et (3) d'autre part, ne diffèrent que par l'interversion de chacun des deux membres : il est évident en effet que si deux rapports sont égaux, leurs inverses le sont.

THÉORÈME.

Dans une proportion, on peut remplacer en même temps les deux numérateurs, chacun par la somme ou par la différence des deux termes du rapport dont il fait partie; il en est de même des dénominateurs.

Soit la proportion.

$$5/7 = 20/28$$

on peut ajouter l'unité aux deux membres sans troubler l'égalité ; dans le premier membre on peut donc ajouter 7/7 et dans le second 20/28 ; ce qui donne

$$\frac{5+7}{7} = \frac{20+28}{28}$$

La démonstration serait identique pour la différence des numérateurs, si ceux-ci étaient plus grands que les dénominateurs. Dans l'exemple choisi ils sont plus petits, et on raisonne ainsi : si de l'unité 7/7 ou 28/28, je retranche deux rapports égaux 5/7 et 20/28, j'obtiendrai deux nouveaux rapports égaux ; donc

$$\frac{7-5}{7} = \frac{28-20}{20}$$

Le théorème relatif au dénominateur se démontre en considérant la proportion formée par les rapports inverses, si on a

$$\frac{5}{7} = \frac{20}{28}, \text{ on aura } \frac{7}{5} = \frac{28}{20}$$

D'après les deux cas précédents, on a

$$\frac{7+5}{5} = \frac{28+20}{20} \text{ et } \frac{7-5}{5} = \frac{28-20}{20},$$

nous pouvons écrire les proportions formées par les rapports inverses c'est-à-dire :

$$\frac{5}{7+5} = \frac{20}{28+20} \quad \frac{5}{7-5} = \frac{20}{28-20}$$

Suite des rapports égaux.

Un rapport s'exprimant par une fraction, on peut multiplier ou diviser les deux termes du rapport par un même nombre sans en changer la valeur. On conçoit ainsi la possibilité d'une suite de rapports égaux, dont la proportion n'est qu'un cas particulier.

THÉORÈME.

Dans une suite de rapports égaux, la somme des numérateurs et la somme des dénominateurs forment un rapport égal à chacun des proposés.

Soit la suite des rapports égaux ;

$$\frac{3}{7} = \frac{6}{14} = \frac{21}{49}$$

Je dis que chacun de ces rapports est égal au nouveau rapport

$$\frac{3 + 6 + 21}{7 + 14 + 49}$$

En effet, puisque chacun des rapports donnés vaut 3/7, chaque numérateur vaut les 3/7 du dénominateur correspondant ; donc la somme des numérateurs vaut les 3/7 de la somme des dénominateurs ; donc le rapport de la somme des numérateurs à la somme des dénominateurs vaut 3/7.

THÉORÈME.

Dans une proportion, la somme ou la différence des numérateurs est à la somme ou à la différence des dénominateurs comme un numérateur de la proportion est à son dénominateur.

Pour la somme, c'est un cas particulier du théorème précédent ; pour la différence la démonstration est identique.

Ainsi on a

$$\frac{5}{7} = \frac{20}{28} = \frac{20 + 5}{28 + 7} = \frac{20 - 5}{28 - 7}$$

Quantités proportionnelles.

On dit que deux grandeurs qui dépendent l'une de l'autre sont directement proportionnelles ou croissent en raison directe, quand, l'une d'elles devenant un certain nombre de fois plus grande ou plus petite, l'autre devient le même nombre de fois plus grande ou plus petite. Ainsi, le travail et le salaire d'un ouvrier sont des quantités proportionnelles ; car, si l'ouvrier fait deux fois, trois fois plus d'ouvrage, il recevra une somme deux fois, trois fois plus forte.

On dit au contraire que deux quantités sont inversement proportionnelles ou croissent en raison inverse l'une de l'autre, lorsque, l'une d'elles devenant un certain nombre de fois plus grande ou plus petite, l'autre devient le même nombre de fois plus petite ou plus grande.

Ainsi, le nombre d'ouvriers employé à effectuer un travail, et le temps qu'ils mettront à le faire, sont des quantités inversement proportionnelles. Car, si le nombre d'ouvrier devient deux fois, trois fois plus grand, le temps nécessaire sera deux fois, trois fois plus petit.

Règle de trois simple.

On désigne sous le nom de *règle de trois simple* les questions dans lesquelles entrent deux quantités qui varient en raison directe ou inverse l'une de l'autre ; on connaît un couple de valeurs correspondantes de ces deux quantités, on cherche la nouvelle valeur de ces grandeurs, qui correspond à une nouvelle valeur donnée à l'autre. Quand les deux grandeurs sont directement proportionnelles, le problème est appelé *règle de trois simple ;* quand elles sont inversement proportionnelles, le problème est appelé *règle de trois simple inverse.* La première chose à faire est de reconnaître dans quel cas rentre le problème donné, ce qu'on fera facilement en se rappelant les définitions.

1ᵉʳ EXEMPLE.

Règle de trois simple directe.

Pour déblayer 15 mètres de terrain, un ouvrier a reçu 60 francs ; combien recevra-t-il pour en déblayer 23 mètres ?

Il est évident qu'on a ici une règle de trois simple; car, si le nombre de mètres déblayés devient deux fois, trois fois plus grand, la somme à recevoir deviendra deux fois, trois fois plus forte. On procède alors comme il suit :

Si le déblai de 15 mètres vaut 60 fr.

le déblai de 1 mètre vaut $\dfrac{60}{15}$ fr.

le déblai de 23 mètres vaut $\dfrac{60 \times 23}{15}$ fr.

ce qu'on peut écrire sous la forme.

$$60 \times 23/15$$

On voit que pour obtenir la valeur numérique cherchée pour l'une des quantités, il faut écrire la valeur numérique donnée de même espèce, et la multiplier par une fraction, dont les deux termes sont les deux quantités données de l'autre espèce, le numérateur corrrespond à la valeur cherchée, le dénominateur à la valeur donnée et déjà écrite.

2e EXEMPLE.

Règle de trois simple inverse.

Pour faire un certain travail, 15 ouvriers ont mis 60 jours ; combien de jours 23 ouvriers mettront-ils à faire le même travail?

Il est évident qu'on a ici une règle de trois simple inverse ; car, si le nombre d'ouvriers devient deux fois, trois fois plus grand, le temps employé deviendra deux fois, trois fois plus petit.

On procède alors comme il suit :

Si 15 ouvriers ont mis 60 jours

1 ouvrier mettra 60×15 jours

et 23 ouvriers mettront $\dfrac{60 \times 15}{23}$ jours

ce qu'on peut écrire sous la forme $\dfrac{60 \times 15}{23}$

On voit que pour obtenir la valeur numérique cherchée pour l'une des quantités, il faut encore écrire la valeur numérique donnée de même espèce, et la multiplier encore par une fraction dont les deux termes sont les quantités données de l'autre espèce mais ici le numérateur correspond à la valeur donnée, le dénominateur à la valeur cherchée.

Règle de trois composée.

On désigne sous le nom de *règle de trois composée*, les questions dans lesquelles entrent des quantités qui varient en raison directe ou inverse de l'une d'entre elles; on connaît un système de valeurs correspondantes de ces quantités : on cherche la nouvelle valeur de l'une de ces grandeurs, qui correspond à de nouvelles valeurs données simultanément aux autres.

Pour déblayer 30 mètres de terrain, 11 ouvriers ont mis 24 jours; combien pour en déblayer 16 mètres, 7 ouvriers mettront-ils de jours ?

On décompose pour ainsi dire le problème en deux :

Si les ouvriers étaient en même nombre dans le second cas que dans le premier pour déblayer 16 mètres, ils mettraient un certain nombre de jours, qui, d'après la règle de trois simple, serait

$$24 \times \frac{16}{30}$$

tel est le nombre de jours nécessaire à 11 ouvriers pour faire un certain ouvrage; pour faire le même ouvrage, 7 ouvriers mettront un certain nombre de jours, qui, d'après la règle de trois inverse, est

$$24 \times \frac{16}{30} \times \frac{11}{7}$$

on a donc la règle suivante pour obtenir l'inconnue :

On écrit la valeur numérique donnée de même espèce, et on la multiplie par une série de fractions dont chacune a pour termes deux quantités données de même espèce, le numérateur correspondant à la valeur cherchée on a la valeur donnée selon que les quantités qui constituent cette fraction sont par espèce directement ou inversement proportionnelles à la quantité cherchée.

COMPLÉMENT

1° *Extraction des racines.*

2° *Quotient d'une division avec appproximation donnée.*

En général on appelle *racine d'un nombre* donné un nombre qui, élevé à une certaine puissance, reproduit le nombre donné ; l'opération qui donne cette racine s'appelle *extraction de racine.*

L'extraction de la racine s'indique par le signe $\sqrt{\ }$ placé sur le nombre ; ce signe porte le nom de *radical*, et le nombre placé au-dessous est dit : *quantité soumise au radical.* La puissance à laquelle il faut élever la racine pour reproduire le nombre placé sous le radical, ou, comme on dit ordinairement, la racine à extraire, s'indique par un petit chiffre placé en haut et à gauche : $\sqrt[2]{\ }\quad\sqrt[3]{\ }$ ce chiffre s'appelle l'*indice de la racine.*

Rappelons ici que la seconde puissance d'un nombre, ou produit de deux facteurs égaux à ce nombre s'appelle *carré*, cette dénomination tient à ce que le nombre d'unités de surfaces contenues dans un carré est égal à la seconde puissance du nombre d'unités de longueur contenues dansle côté de la figure. Pour un motif analogue, la troisième puissance porte le nom de *cube.*

Voici les 9 premiers nombres avec leurs carrés et leurs cubes.

1	2	3	4	5	6	7	8	9	10
1	4	9	16	25	36	49	64	81	100
1	8	27	64	125	216	343	512	729	1000

On appelle *racine carrée* d'un nombre donné, le nombre qui élevé au carré, reprodui le nombre proposé, ainsi 7 est la racine carrée de 49. Dans ce cas, l'usage veut que l'on supprime l'indice 2 et on écrit simplement $\sqrt{49}$ On appelle de même *racine cubique* d'un nombre donné le nombre qui, élevé au cube reproduit ce nombre ; ainsi, 4 est la racine cubique de 64, l'indice est 3 et on écrit $\sqrt[3]{64}$.

Racine carrée.

Un nombre est un carré parfait lorsqu'il est le produit de 2 facteurs égaux ; la racine carrée d'un nombre ne peut être déterminée exactement si ce nombre n'est pas un carré parfait.

Extraire la racine carrée d'un nombre qui n'est pas un carré parfait, c'est chercher la racine carrée du plus grand carré parfait contenu dans ce nombre. La racine obtenue sera approchée à une unité près.

Ainsi, soit à extraire la racine carrée de 19. Ce nombre n'est pas un carré parfait, par con équent, nous cherchons la racine du plus grand carré contenu dans 19. Le plus grand carré est 16, donc la racine carrée est 4.

Extraire la racine carrée d'un nombre donné.

Si le nombre est inférieur à 100 on aura immédiatement sa racine carrée puisque l'on sait par cœur les carrés des 10 premiers nombres.

Soit maintenant à extraire la racine carrée d'un nombre supérieur à 100.

$$7.40.37.15 \mid 2720$$
$$34.0 \mid 47$$
$$113.7 \quad 542$$
$$0531.5 \quad 544$$

RÈGLE. On divise le nombre proposé en tranches de 2 chiffres à partir de la droite; la dernière tranche peut n'avoir qu'un seul chiffre. Les calculs auront la même disposition que dans la division, la racine cherchée occupera la place du diviseur. On cherche la racine du plus grand carré contenu dans la première tranche à gauche, c'est le premier chiffre de la racine. On fait le carré de ce premier chiffre et on soustrait ce carré de la première tranche. On abaisse la tranche suivante, on sépare par un point le dernier chiffre à droite, on écrit à la place qu'occuperait le quotient le double de la racine trouvée et on divise le dernier reste privé de son dernier chiffre par le double de la racine : le quotient e t le chiffre suivant de la racine On écrit ce chiffre à la racine et de plus à la suite du double de la racine. On multiplie le dernier nombre ainsi formé par le dernier chiffre trouvé et on soustrait le produit du dernier reste. On obtient ainsi le reste suivant à la suite duquel on écrit la tranche suivante, et les calculs recommencent dans le même ordre. Si une des soustractions est impossible, le dernier chiffre essayé par la racine est trop fort; on l'abaisse d'une unité

On voit que chaque tranche donne un chiffre à la racine; on pourra donc dire à l'inspection d'un nombre de combien de chiffres se composera sa racine carrée.

MAXIMUM DU RESTE. On démontre, et on peut du reste vérifier directement que la différence des carrés de 2 nombres consécutifs est égale à 2 fois le plus petit nombre + 1. Ainsi le carré de 10 étant 100, on obtiendra le carré de 11 en ajoutant à 100 (2 fois 10) + 1, ce qui donne 121 qui est le carré de 11.

On voit ainsi qu'on pourra avoir un reste égal au double de la racine, c'est le reste maximum. Si le reste était égal à 2 fois la racine $+$ 1, c'est que la racine serait trop faible d'une unité.

Lorsqu'on veut obtenir la racine carrée d'un nombre avec une approximation donnée, on abaisse autant de tranches de zéros que l'on veut obtenir de chiffres décimaux à la racine. Si l'on veut obtenir la racine carrée d'un nombre décimal donné, il faudra toujours faire en sorte, par l'addition d'un zéro s'il est nécessaire, que le nombre des chiffres décimaux soit pair.

PREUVE. Il est évident qu'en faisant le carré de la racine trouvée et en ajoutant le reste on doit trouver le nombre proposé.

CARRÉ ET RACINE CARRÉE D'UNE FRACTION. Le carré d'un nombre est le produit de ce nombre par lui-même. Donc, par définition, le carré d'une fraction s'obtiendra en multipliant cette fraction par elle-même, c'est-à-dire en faisant le carré de ses termes. Ainsi, le carré de la fraction $\frac{3}{5}$ sera $\frac{3}{5} \times \frac{3}{5}$ ou $\frac{2^2}{5^2}$

La formation du carré d'une fraction nous indique le moyen d'extraire la racine carrée d'une fraction. Il suffit d'extraire la racine carrée de ses deux termes. Ainsi, la racine carrée de la fraction $9/25$: est $\frac{\sqrt{9}}{\sqrt{25}} = \frac{3}{5}$

THÉORÈME.

Lorsqu'un nombre entier n'est pas carré parfait, il n'existe pas de nombre fractionnaire qui, élevé au carré, reproduise le nombre proposé.

Soit 19 un nombre qui n'est pas carré parfait. Il est compris entre les carrés 16 et 25, donc, sa racine carrée est comprise entre 4 et 5. Je dis qu'il n'existe pas entre 4 et 5, un nombre fractionnaire dont le carré reproduise 19. En effet, supposons que le nombre fractionnaire $14/3$ soit la racine carrée de 19. Cette fraction élevée au carré doit reproduire 19. Mais je puis toujours la supposer réduite à sa plus simple expression, alors ses deux termes seront premiers entre eux. Mais lorsque deux nombres sont premiers entre eux, il en est de même de leurs puissances, donc les deux termes de la fraction $\frac{14^2}{3^2}$ sont premiers entre eux, donc la fraction est irréductible, donc cette fraction ne peut pas être égale à un nombre entier 19.

Il résulte de ce théorème qu'on ne pourra extraire la racine carrée d'une fraction qu'autant que les deux termes de cette fraction seront des carrés parfaits.

Lorsqu'il en est autrement le moyen le plus simple d'obtenir la racine carrée d'une fraction, est de convertir cette fraction en fraction décimale. Dans cette opération, on pousse les calculs jusqu'à ce qu'on ait obtenu un nombre de chiffres décimaux double du nombre de chiffres décimaux qu'on veut avoir à la racine.

Soit à extraire la racine carrée de la fraction 3/7 à 1/100 près.

Je convertirai la fraction donnée en fraction décimale, en divisant 3 par 7 et comme je veux avoir 2 chiffres décimaux à la racine, je poursuivrai la division jusqu'au quatrième chiffre décimal.

Racine cubique.

Etant donné un nombre entier, nous chercherons seulement la racine du plus grand cube contenu dans ce nombre. La racine obtenue sera approchée à une unité près.

Si le nombre est inférieur à 1000, on aura immédiatement la racine cubique, puisque l'on sait par cœur les cubes des 10 premiers nombres.

Soit maintenant à extraire la racine cubique d'un nombre supérieur à mille :

— 123 —

RÈGLE. On divise le nombre proposé en tranches de 3 chiffres à partir de la droite, la dernière tranche à gauche pouvant n'avoir qu'un ou deux chiffres. Les calculs auront la même disposition que pour la division, la racine cherchée occupera la place du diviseur. On cherche la racine du plus grand cube contenu dans la première tranche à gauche, c'est le premier chiffre de la racine. On fait le cube de ce premier chiffre et on soustrait ce cube de la première tranche. On abaisse la tranche suivante, on sépare par un point les deux derniers chiffres à droite, on écrit à la place qu'occupait le quotient le triple du carré de la racine trouvée et on divise le dernier reste privé de ses deux derniers chiffres par ce triple du carré de la racine : le quotient est le chiffre suivant de la racine.

On écrit ce chiffre à la racine, et on fait à part l'opération suivante : à la droite du triple des dizaines de la racine, on écrit le chiffre des unités, on multiplie le nombre ainsi formé par le nombre des unités, on ajoute au produit le triple carré des dizaines (triple carré du nombre des dizaines, suivi de deux zéros), ce qui donne un nombre qu'on multiplie encore par le chiffre des unités. On retranche ce nombre du dernier reste. On obtient ainsi le reste suivant, à la suite duquel on écrit la tranche suivante, et les calculs recommencent dans le même ordre. Si une des soustractions est impossible, le dernier chiffre essayé pour la racine est trop fort ; on l'abaisse d'une unité.

```
51.494.479 | 372                  97          1112
27         | 27. | 4107            7             2
244.94                            679          2224
236 53                           2700        410700
  8414.79                        3379        412924
  8258 48                           7             2
   156 31                       23653        825848
```

CUBE ET RACINE CUBIQUE D'UNE FRACTION. Le cube d'une fraction s'obtient en faisant le cube de ses termes ; la racine cubique en extrayant la racine cubique des deux termes.

Nous terminerons par la règle suivante qui donne le moyen d'obtenir le quotient de deux nombres à une approximation donnée.

Si on veut l'obtenir à un millième près, on commencera par réduire les deux nombres en millièmes; on sera ramené à calculer le quotient à moins d'une unité près.

Règle. Pour calculer le quotient de deux nombres entiers à moins d'une unité près, on supprime sur la droite du dividende autant de chiffres qu'il y en a au diviseur moins deux, on divise la partie restante par le diviseur, comme à l'ordinaire; ensuite, au lieu d'abaisser à la droite du reste le chiffre suivant du dividende on barre le premier chiffre de droite du diviseur, et l'on divise le reste par le diviseur ainsi simplifié; on barre un second chiffre à la droite du diviseur, et ainsi de suite jusqu'à ce qu'on ait barré tous les chiffres du diviseur, moins deux.

```
        . . .
187536    492 | 32 415
 25461        | 5785
  2774
   182
    22
```

TABLE DES MATIÈRES